仿古建筑
工程量清单编制精解

肖光朋　郭屹佳　著

北　京
冶 金 工 业 出 版 社
2024

内 容 提 要

本书介绍了仿古建筑工程工程量清单计量计价的基础知识以及各类仿古建筑工程中典型构件的工程量清单编制，主要包括砖作工程、石作工程及琉璃砌筑工程、混凝土及钢筋混凝土工程、木作工程、屋面工程及地面工程、抹灰工程及油漆彩画工程等工程量清单编制。

本书理论与实践相结合，每章通过引入实例和实际工程插图，详细演示了工程量计算方法，可供高等院校工程造价、工程管理等相关专业的师生及工程造价从业人员阅读，也可供具有一定识图能力及工程造价基础知识的人员参考。

图书在版编目（CIP）数据

仿古建筑工程量清单编制精解 / 肖光朋，郭屹佳著. 北京：冶金工业出版社，2024. 9. -- ISBN 978-7-5024-9916-7

Ⅰ. TU723.3

中国国家版本馆 CIP 数据核字第 2024B3Q296 号

仿古建筑工程量清单编制精解

出版发行 冶金工业出版社 **电　话** (010)64027926
地　址 北京市东城区嵩祝院北巷 39 号 **邮　编** 100009
网　址 www. mip1953. com **电子信箱** service@ mip1953. com

责任编辑 杜婷婷 美术编辑 吕欣童 版式设计 郑小利
责任校对 李欣雨 责任印制 窦 唯
北京建宏印刷有限公司印刷
2024 年 9 月第 1 版，2024 年 9 月第 1 次印刷
710mm × 1000mm 1/16；12. 5 印张；243 千字；192 页
定价 88. 00 元

投稿电话 (010)64027932 投稿信箱 tougao@ cnmip. com. cn
营销中心电话 (010)64044283
冶金工业出版社天猫旗舰店 yjgycbs. tmall. com
（本书如有印装质量问题，本社营销中心负责退换）

前　　言

近年来，随着我国经济文化产业的不断发展，尤其是旅游业的蓬勃发展，从新区开发到旧城改造，城市建设和旅游开发融入了仿古建筑元素。仿古建筑已然成为现代建筑文化中的重要组成部分，是建筑文化发展的真实反映和物化记录。仿古建筑在建筑形式上模仿传统建筑，并保证传统建筑基本外观，反映传统建筑的主要特征，但其结构、材料及施工技术方面均反映近现代建筑的主要特征。本书主要内容涉及各类型仿古建筑（包括构件、材料、工艺构造等）的基础知识，结合现行国家关于仿古建筑的计量计价规范和标准，介绍了典型的仿古建筑分项工程的计量。

本书共7章，理论结合实际，每章配备大量实物图或示意图，以便读者直观了解和掌握各类仿古建筑的基础知识。第1章介绍了仿古建筑基本情况、仿古建筑工程工程量清单计量计价的基础知识；第2章~第7章首先介绍了各类仿古建筑工程的相关知识，然后介绍了在工程量清单模式下的各类仿古建筑工程中主要或典型构件的计量方法。本书涉及的类似于常规建筑的混凝土和钢筋混凝土工程、抹灰工程等，仅介绍了仿古工艺做法对应的内容。

本书由西华大学肖光朋、四川工商学院郭屹佳合著。其中，第1章由肖光朋撰写，第2~7章由肖光朋、郭屹佳共同撰写。西华大学李海凌教授对本书提出了很多宝贵意见，在此深表感谢。

本书获得西华大学工程造价国家一流专业、西华大学一流专业建设与一流课程建设的改革实践重点项目（编号：xjjg2021065）的支持。

本书在编写过程中，参考了相关书籍，谨向有关学者、作者致以衷心的谢意。

由于仿古建筑和工程造价的理论、内容仍在工程实践中不断发展和完善，加之作者水平所限，书中不妥之处，敬请各位专家、学者、同行批评指正。

作　者

2023年12月于西华大学

目　录

1 绪　　论

1.1 仿古建筑概述

仿古建筑是指仿照古建筑式样而运用现代结构、材料及技术建造的建筑物、构筑物，如用于模仿与替代古代建筑、传统宗教寺观、传统造景、历史建筑、文物建筑、古村落群，还原历史风貌概况的建筑。仿古建筑一般应满足三个条件：首先，建筑物有台基、屋身以及屋顶三个部分，且建筑物的主体部分的屋顶应是传统形式；其次，台基、屋身以及屋顶之间的比例应与古建筑物的比例相接近；最后，建筑物的外观要在一定程度上能够反映古建筑的结构特征及装饰风格。中国仿古建筑房屋的总体构造由主体构架结构、屋顶结构、围护结构、台基地面结构、装饰装修构件五大部分组成。

仿古建筑的价值主要体现在文化价值、经济价值和历史价值方面。建筑文明是随着历史的不断发展而发展的，因此传统建筑语言被赋予了新的生命力，以更好地传承历史文脉。尤其在一些沿街的历史商业文化气息浓郁的地方，仿古建筑标志物被较为广泛地使用。这种现象说明，仿古建筑符合人们的传承心态，同时又能有力地推动地区经济发展，深受欢迎。仿古建筑景观的文化内涵，既能充分体现中华民族的乡土特色，又能体现对外来文化的兼容性和开放性，也是仿古建筑的独特文化价值所在。

1.1.1 仿古建筑发展概况

中国古建筑在经历唐宋元明清时期后，留有两部建筑技术书籍历史文化遗产，即宋朝《营造法式》和清工部《工程做法则例》，它们是研究中国古建筑的两部文法课本。

《营造法式》是宋朝崇宁二年（1103 年）出版的图书，作者是李诫，是李诫在两浙工匠喻皓《木经》的基础上编成的，也是北宋官方颁布的一部建筑设计、施工的规范书。全书共计 36 卷，分为 5 个部分，即释名、诸作制度、功限、料例和图样，前面还有看样和目录各 1 卷。第 1 卷、第 2 卷是总释和总例，对文中出现的各种建筑物及构件的名称、条例、术语做了规范的诠释，指出所用词汇在各个不同时期的确切叫法，以及在该书中所用名称、统一语汇；第 3 卷为壕寨制度、石作制度；第 4 卷、第 5 卷为大木作制度；第 6 卷 ~ 第 11 卷为小木作制度；

第 12 卷为雕作制度、旋作制度、锯作制度、竹作制度；第 13 卷为瓦作制度、泥作制度；第 14 卷为彩画作制度；第 15 卷为砖作、窑作制度等 13 个工种的制度，并说明如何按照建筑物的等级来选用材料，确定各种构件之间的比例、位置、相互关系；第 16 卷～第 25 卷规定各工种在各种制度下的构件劳动定额和计算方法；第 26 卷～第 28 卷规定各工种的用料的定额和所应达到的质量；第 29 卷～第 34 卷规定各工种、做法的平面图、断面图、构件详图及各种雕饰与彩画图案。《营造法式》是最完整的建筑技术书籍之一，标志着中国古代建筑已经发展到了较高水平。

《工程做法则例》是清朝雍正十二年（1734 年）由工部编定并刊行的一部工程做法的术书，作为控制官工预算、做法、工料的依据。全书共 74 卷，第 1 卷～第 20 卷为庑殿、歇山、硬山等大木作做法；第 21 卷～第 27 卷为垂花门、亭廊等小式大木作做法；第 28 卷～第 40 卷为各规格斗栱做法；第 41 卷为各装修装饰做法；第 42 卷～第 47 卷为石作、瓦作、土作等做法；第 48 卷～第 60 卷为各工种用料数量规定；第 61 卷～第 74 卷为各用工数量规定。书中共包括土木瓦石、搭材起重、油画裱糊等 17 个专业的内容和 27 种典型建筑的设计实例。该书虽然不尽完善，但对研究清代初期的建筑技术水平而言，是一份相当完备的资料。此外，还组织编写了多种具体工程的做法则例、做法册、物料价值等有关建筑的书籍作为辅助资料。同时在工程管理部门中特别设立了样式房及销算房，主管工程设计及核销经费，对提高宫殿官府工程的管理质量起了很大的作用。

此外，在江南一带由苏州营造家姚承祖先生晚年遗著，张至刚教授增编整理成册的《营造法原》也颇有影响。《营造法原》在古典建筑业中名声显赫，影响深远，是记载我国江南地区传统建筑做法的专著。全书按各部位做法，系统地阐述了江南传统建筑的形制、构造、配料、工限等内容，兼及江南园林建筑的布局和构造，材料十分丰富。全书精简为 16 章，对设计研究传统形式建筑及维修古建筑有较大的参考价值。

近些年，国内旅游业蓬勃发展，为招揽游客，景区纷纷翻修、兴建古建筑或木结构、木石结构的仿古建筑，古建筑、仿古建筑保护与新城市建设并驾齐驱。古城在历史发展过程中，一方面要保存它原有的历史文化和风土人情，另一方面也要顺应历史发展潮流，不断进行城市更新，在这个过程中要坚持古建筑保护与城市改建并重的原则，合理规划古建筑保护范围，在城市大规模改建过程中加强对古建筑本身及其周边文化的保护，城市建设在总体上应该与古建筑的风格保持协调。

1.1.2　仿古建筑类型及特点

仿古建筑是利用现代建筑材料或传统建筑材料，结合现代施工方法或传统营造技法，按照一定规律对古建筑形式进行符合传统文化特征的仿造、再创造。仿古建筑主要突出个“仿”字，仿古建筑有以下几个方面的仿制方法：其一，从形式上仿；其二，从结构上仿；其三，从材料上仿。这三种情况往往是同时出现，既需要利用现代技术，又要符合传统建筑的特色和神韵。

（1）从形式上仿。对传统建筑的认识是从外观形式开始的，传统建筑在造型上有丰富的轮廓线、多变的屋顶形式、寓意深刻的各种装饰构件，集富贵之相、儒雅之风于一身，既具有丰富的文化内涵，又有雕工精美的门窗以及体现在梁枋上博大精深的历史文化和韵味。而仿古建筑的特点最主要的是表现在屋面上，屋面能体现出地区、民族的特点及不同的造型风格。

（2）从结构上仿。仿古建筑是用现代建筑的结构处理方法代替传统建筑的结构，但其外观又采用相似的手法来表现传统建筑的形式。传统建筑的结构主要是木结构，这种结构的耐久性较差，且不利于现阶段的能源与环保的要求，因此仿古建筑使用钢筋混凝土的框架结构或钢结构等新型结构代替传统建筑的结构，以满足其承受荷载的能力，延长建筑的使用寿命。

（3）从材料上仿。以现代建筑材料取代传统建筑材料的手法，如用钢筋混凝土代替承重结构的木材，用其他轻型材料取代不承重的木材、砖、瓦、石，以及用现代的防水材料置换传统建筑的防水材料（如锡背）等。

1.1.2.1 仿古建筑类型

我国仿古建筑的类型和形式很多，但具有普及性和代表性的类型，可以归纳为三种分类，即按时代特征进行仿古、按房屋造型进行仿古、按使用功能进行仿古。

A 按时代特征分类

中国古建筑从秦汉时期（公元前 221 年—公元 220 年）至明清时代（1368 年—1911 年），历经秦、汉、三国、两晋、南北朝、隋、唐、五代、宋、辽、金、元、明、清等十多个朝代的变迁和进化，根据历史文化和营造技术水平的发展，可归纳为三个历史时期的建筑，即将秦、汉、三国、两晋、南北朝这一时期的建筑，列为汉式建筑；将隋、唐、五代、宋、辽、金、元这一时期的建筑，列为宋式建筑；将明、清两个朝代的建筑，列为清式建筑。因此，中国仿古建筑，按时代特征分类，分为汉式建筑、宋式建筑和清式建筑。在中国封建时代初期，秦灭六国统一王朝以前，中国建筑是以茅草屋顶、木骨泥墙、筑土台基为主体的“茅茨土阶”台榭体系结构，没有形制定格。当发展到秦汉至南北朝时期，开始大兴秦砖汉瓦，废弃台榭体系，兴盛木构架技术，才使中国建筑具有了一定的形制风格，将这个时期的建筑通称为“汉代建筑”。由于这个时期战乱横行，年代久远而没有留下历史建筑遗物，在仿古建筑中，只能根据考古学家对出土文物的发掘、考证和总结，取得一些依据。汉式建筑的特点为：整体造型平直舒展，脊端檐角微微上翘，屋脊装饰朴实无华，如图 1-1 所示。

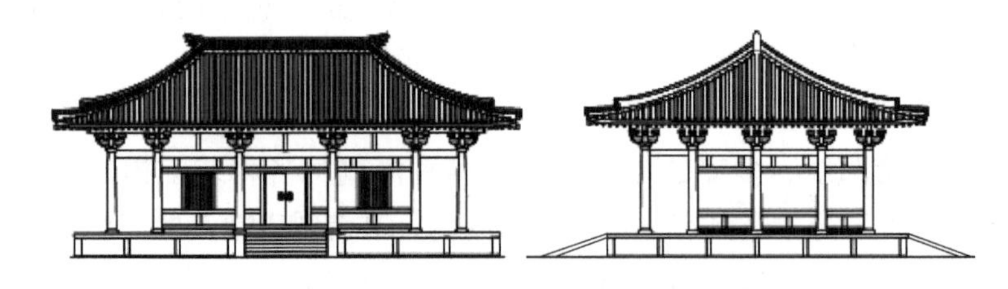

图 1-1 汉式建筑示意图

从隋唐至宋元时期是中国古建筑的鼎盛发展时期，无论是建筑规模、建筑种类，还是装饰的豪华程度，都有了飞跃发展和提高。虽然唐、宋、辽、金、元时期的建筑在细节上有些不同，但基本上都符合宋代《营造法式》的理论要求，将这一时期的建筑称为“宋式建筑”。宋式建筑的特点为：屋顶屋檐有明显下弯曲线，脊端檐角上翘度比较大，屋脊屋檐及木架装饰繁华绚丽，如图 1-2 所示。

图 1-2 宋式建筑示意图

中国古建筑经过唐宋时期的飞跃发展后，明清时期开始转型进入稳固、提高和标准化时期，将群龙无首的土木建筑，正式纳入管辖范畴，并产生了清工部《工程做法则例》的条例文件。因此，将这个时期的建筑称为“清式建筑”。清式建筑的特点是：整体造型稳重大方，屋脊屋檐中规中矩，正脊平直、翼角稍翘，装饰豪华而不繁缛，如图 1-3 所示。

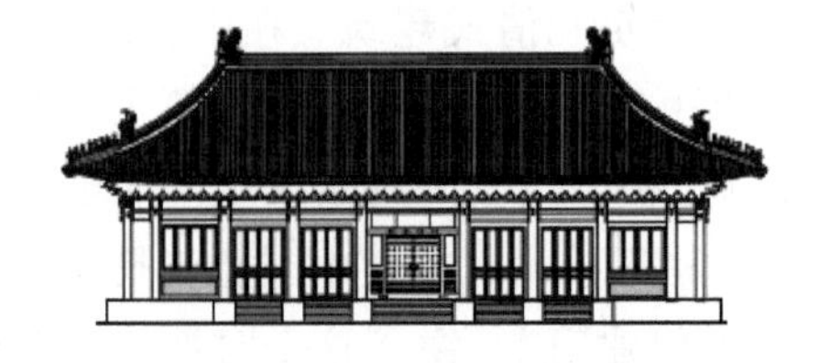

图 1-3 清式建筑示意图

B 按房屋造型分类

中国仿古建筑按房屋造型分类，分为庑殿建筑、歇山建筑、硬山悬山建筑、攒尖顶建筑等。其他还有一些在此基础上进行屋顶变化的形式，如盝顶建筑、十字顶建筑、工字建筑等，但都不太普及。

庑殿是古代传统建筑中的一种屋顶形式，有重檐和单檐两种，宋称为“五脊殿”“吴殿”，清时称为“四阿殿”，《营造法原》称为“四合舍”。传统建筑形制体系定型后，庑殿建筑成为房屋建筑中等级最高的一种建筑形式，由于屋顶陡曲峻峭，屋檐宽深庄重，气势雄伟浩大，在封建社会里是体现皇权、神权等统治阶级的象征，所以多用作宫殿、坛庙、重要门楼等高级建筑上，如图 1-4 所示。

(a)

(b)

图 1-4 庑殿实物图
(a) 单檐庑殿；(b) 双檐庑殿

歇山建筑是古建筑中最基本、最常见的一种建筑形式，前后左右四个坡面，在左右坡面上各有一个垂直面，故而相交有九个脊，又称九脊殿或汉殿、曹殿，如图 1-5 所示，这种屋顶多用在建筑性质较为重要、体量较大的建筑上。其屋面峻拔陡峭，四角轻盈翘起，玲珑精巧，气势非凡，既有庑殿建筑雄浑的气势，又有攒尖建筑俏丽的风格。无论帝王宫阙、王公府邸、城垣敌楼、坛壝寺庙、古典园林及商埠铺面等各类建筑，都大量采用歇山这种建筑形式，就连古今最有名的复合式建筑，诸如黄鹤楼、滕王阁、保和殿、故宫角楼等，也都是以歇山为主要形式组合而成的，足见歇山建筑在中国古建筑中的重要地位。从外部形象看，歇山建筑是庑殿（或四角攒尖）建筑与悬山建筑的有机结合，仿佛一座悬山屋顶歇栖在一座庑殿顶上，因此兼有悬山和庑殿建筑的某些特征。无论单檐歇山、重檐歇山、三滴水（即三重檐）歇山，还是大屋脊歇山、卷棚歇山，都具有这些基本特征。

硬山悬山建筑是中国古代建筑中的一种形式。硬山建筑是指屋面仅有前后两坡，左右两侧山墙与屋面相交，并将檩木、梁全部封砌在山墙内的建筑。悬山建

(a)

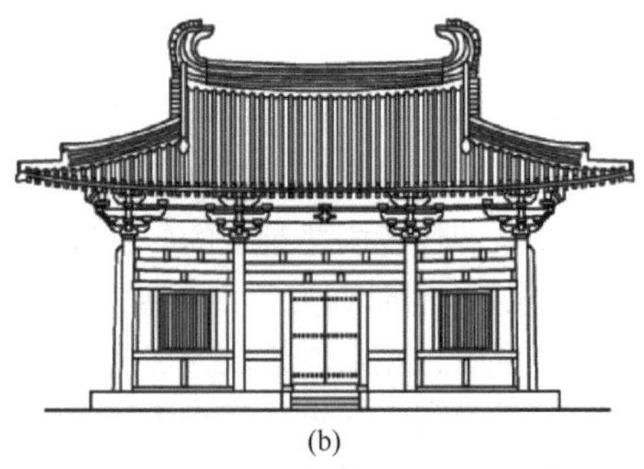

(b)

图 1-5 歇山建筑实物图和示意图

（a）歇山建筑实物图；（b）歇山建筑示意图

筑是指屋面有前后两坡，而且两山屋面悬于山墙或山面屋架之外的建筑，也称挑山建筑。硬山与悬山建筑是一种普通人字形的两坡屋面建筑，用于普通民舍和大式建筑的偏房。在封建等级社会里，是属于最次等的普通建筑。硬山、悬山建筑也分为尖山顶式和卷棚顶式两种，一般只做成单檐形式，很少做成重檐结构。根据定义硬山建筑和悬山建筑的最明显区别是：硬山建筑两端山墙与屋面封闭相交，山面没有伸出的屋檐，山尖显露突出，木构架全部封包在墙体以内，如图 1-6(a)所示。悬山建筑两端屋顶伸出山墙之外悬挑，以遮挡雨水不直接淋湿山墙，这可使两端山墙的山尖做成透空型，以利调节室内空气，特别适合潮湿炎热地区的居室。整个体形比硬山显得更为活泼，如图 1-6(b)所示。

(a)

(b)

图 1-6 硬山建筑和悬山建筑实物图

（a）硬山建筑实物图；（b）悬山建筑实物图

攒尖建筑物的屋面在顶部交汇为一点，形成尖顶，其屋顶叫作攒尖顶。攒尖顶的垂脊和斜面多向内凹或成平面，若上半部外凸下半部内凹，则为盔顶。攒尖顶有单檐、重檐之分，按形状可分为角式攒尖和圆形攒尖，其中角式攒尖顶有同其角数相同的垂脊，有三角、四角、五角、六角、八角等式样。圆形攒尖则没有垂脊，尖顶由竹节瓦逐渐收小。故宫的中和殿为四角攒尖，天坛祈年殿为圆形攒尖，如图 1-7 所示。

(a)

(b)

图 1-7 攒尖顶建筑实物图
（a）中和殿四角攒尖顶实物图；（b）祈年殿圆形攒尖顶实物图

C 按使用功能分类

中国仿古建筑，按使用功能分类，分为殿堂楼阁、凉亭游廊、水榭石舫、垂花门牌楼等类型。

殿堂（即宫殿与厅堂）一般是指规模较大的大厅式建筑物，宫殿是规模雄伟壮观并具有一定权威的建筑，厅堂是规模较次而平易近人的建筑。其建筑形式大多为庑殿、歇山建筑，只有较少数厅堂为硬山、悬山建筑，现在园林仿古建筑中多用于接待宾馆、游乐展览、餐饮商业等用房。楼阁是指两层及其以上古式房屋，各层带有平座（即挑廊），一般为歇山和攒尖顶形式。对于用作储藏静修为主者多命名为“阁”，对于用作观赏娱乐为主者多命名为“楼”，如图 1-8 所示。

亭子是指有顶无墙的透空型小型建筑物，是园林中不可缺少的建筑，“无亭不成园”在我国有着悠久的历史，它是供游人观赏、乘凉小憩之所，得到广泛应用，如用作路亭、街亭、桥亭、井亭、凉亭和钟鼓亭等。依其平面形式可以分为多角亭、圆形亭、扇形亭和矩形亭等，如图 1-9(a)所示；依高低层次分为单檐亭、重檐亭、多层亭等。游廊又称长廊，是供游人遮风挡雨的廊道篷顶建筑，它具有可长可短、可直可曲、随形而弯、依势而曲的特点，因此，它常作为蟠山围腰、穹水渡桥，以及各种地理环境之中的风景配套建筑。依其地势造型不同，可命名为直廊、曲廊、回廊、水廊、桥廊、爬山廊、叠落廊等，如图 1-9(b)所示。

(a)

(b)

图 1-8　楼、阁建筑实物图
（a）杏林阁实物图；（b）鹳雀楼实物图

(a)

(b)

图 1-9　凉亭、游廊实物图
（a）凉亭实物图；（b）游廊实物图

水榭是属于亲水平台式建筑物，它既可临岸建筑，也可引桥于水中建筑，很像是漂浮于湖水景色之中的水上凉亭，故也称为“亭榭”。“榭”最早是指筑在高台上的简易木构草亭，用来作为阅兵训武的指挥凉棚，以后将它引用到园林中，并加以修饰和发展，才成为如今的水榭。水榭一般都是为四面透空的矩形建筑，如图 1-10(a)所示。石舫是仿船形的傍岸建筑，是诗情画意的忆景产物，它似船非船、似景非景，但给园林景色的点缀起着很美妙的作用。石舫有的称为“画舫”，南方地区称为“旱船”，游人可在船舱或甲板上谈诗论画，促膝谈心。它是将石基台座做成船形，再在其上修建楼廊亭阁而成，它们都可做成跳板形搭桥与陆地连接，以达到以假乱真的目的，如图 1-10(b)所示。

(a)

(b)

图 1-10 水榭、石舫实物图
(a) 水榭实物图；(b) 石舫实物图

垂花门是一种带屋顶棚式的大门，因在屋檐两端吊有装饰性垂莲柱而得名，门的两边或连接围墙，或连接游廊。垂花门虽然是一种门，但它有着很强的装饰效果，常用于我国古建筑群中的院落、宫殿、寺庙和园林等分隔之门，如图 1-11(a)所示。牌楼又称“牌坊”，它是一种既具有景区标牌作用，又具有屋顶装饰形式的排架结构，被广泛用于街道起讫点，园林、寺庙、陵墓和桥梁等出入口，是突出景区的一种标志性装饰建筑，如图 1-11(b)所示。

(a)

(b)

图 1-11 垂花门、牌楼实物图
(a) 垂花门实物图；(b) 牌楼实物图

1.1.2.2 仿古建筑特点

仿古建筑不仅是技术科学，而且是一种艺术。中国古代建筑的能工巧匠经过长期的努力，集建筑的实用功能、外观的舒适美观于一体，同时吸收了中国其他传统艺术，特别是绘画、雕刻、工艺美术等造型艺术的特点，创造了丰富多彩的艺术形象。因此，现代仿古建筑传承了传统古建筑特点，尤其是突出的外观特点，如屋顶形式、色彩与彩画、装饰与门窗、衬托性建筑等方面。

（1）屋顶形式。中国古代建筑的屋顶形式对丰富建筑立面起着特别重要的作用，古代匠师充分运用木结构的特点，创造了屋顶举折和微微起翘的屋角、出翘，形成如鸟翼伸展的檐角和屋顶各部分柔和优美的曲线，以及硬山、悬山、歇山、庑殿、攒尖、十字脊、盝顶、重檐等众多屋顶形式的变化，加上灿烂夺目的琉璃瓦，使建筑物具有独特而强烈的视觉效果和艺术感染力。通过对屋顶进行种种组合，又使建筑物的体形和轮廓线变得愈加丰富。而从高空俯视，屋顶效果更好，形成了独特的“第五立面”，也就是说中国建筑的“第五立面”是最具魅力的，成为中国古代建筑重要的特征之一。

（2）色彩与彩画。中国古代的匠师在建筑装饰中敢于使用色彩，也善于使用色彩，由于中国古建筑主要构件是木结构，又因为木料怕水，不能经久耐用，所以中国建筑很早就采用在木材上涂漆和桐油以保护木质，并增强其耐久性，同时增加美观，达到实用、坚固与美观相结合。房屋主体中经常可以照到阳光的部分，一般用暖色，特别是用朱红色；房檐下的阴影部分，如檐檩下的椽子、檩板枋三件等，则用蓝绿相配的冷色。这样就更强调了阳光的温暖和阴影的阴凉，形成一种悦目的对比。朱红色门窗部分和蓝、绿色的檐下部分往往还加上金线和金点，蓝、绿之间也间以少数红点，使得建筑上的彩画图案显得更加活泼，增强了装饰效果。在颜色的搭配上，一般的情况下，大红、大绿、大紫很难搭配，而中国古代匠人却把几种颜色运用得恰到好处。

（3）装饰与门窗。内部装饰的构件有各式屏风、屏门、挂落、花牙子、花罩等，门窗的种类也很多，如古式长窗、古式短窗等。

（4）衬托性建筑。衬托性建筑的应用，是中国古代宫殿、寺庙等高级建筑常用的艺术处理手法。它的作用是衬托主体建筑，最早应用并且很有艺术特色的衬托性建筑是从春秋时代就已开始建于宫殿正门前的“阙”。汉代以后的雕刻、壁画中常可以看到各种形式的阙，到了明清两代，阙就演变成了故宫的午门，其他常见的富有艺术性的衬托性建筑还有宫殿正门前的华表、牌坊、照壁、石狮等。

1.1.3 仿古建筑工程度量衡

度量衡是指在用于工程量计算时，物体长短、容积、轻重等标准的统称。度量衡的发展大约始于原始社会末期，因地域和历史朝代不同而工程量统计方式不同，其中“度”是指工程量计算长短用的器具，“量”是指测定计算容积的器皿，“衡”是指测量物体轻重的工具。现在将“度量衡”直接引申为计量的一种统称。

1.1.3.1 传统古建筑工程度量衡

传统古建筑的度量衡尺度，依历史朝代不同而有所区别，汉式建筑的度量没有统一建制。《营造法式》中宋式建筑的度量采用“营造尺”和“材份等级”制两种，宋“营造尺”是用于丈量房屋长、宽、高等大尺度的丈量尺制，1 营造尺 = 31.20 cm；“材份等级”制是作为控制建筑规模等级和丈量木构件规格的一种模数制度。《工程做法则例》中，清式建筑的度量采用“营造尺”和“斗口制”两种，清“营造尺”是用于丈量房屋长、宽、高等大尺度和作为度量尺度的基础尺制，1 营造尺 =31.96 cm，一般取 1 营造尺为 32 cm；“斗口制”是作为控制建筑规模等级和丈量木构件规格的一种模数制度。《营造法原》采用鲁班尺作为营造尺，实际上根据明代文献《鲁班营造正式》和《鲁班经》记述，鲁班尺分为鲁班真尺和曲尺，鲁班真尺是一种门光尺，专用于确定门、窗、床、器物等洞口尺寸；而曲尺是一种营造尺，用于下料、制作、营造等的度量。《营造法原》中所述的鲁班尺就是这种营造尺（曲尺），1 鲁班尺 =27.50 cm。

传统古建筑房屋的承重构件是柱，一栋房屋的平面分间，是以柱中线为界定线。凡四柱所围之面积称为“间”或“开间”。间之横向称为“阔”或“面阔”，间之纵向称为“深”或“进深”。若干面阔之和称为“通面阔”，若干进深之和称为“通进深”。如图 1-12 所示，中国仿古建筑房屋的开间数为单数，正面方向正中的一间，宋称为“心间”，清称为“明间”，吴称为“正间”。在其两旁对称布置的称为“次间”，次间之外的称为“梢间”，也有将最外两端的称为“尽间”。如果在进深方向（即从山面观看）有若干间，则分别称为“两山明间”

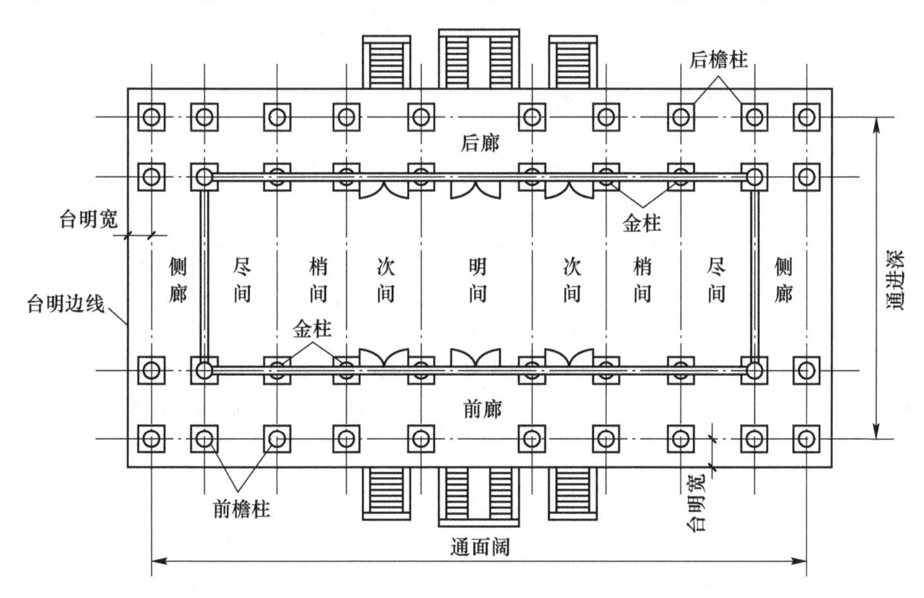

图 1-12 传统古建筑平面度量名称

“两山次间”“两山梢间”。在间之外有柱无隔的称为“廊”，宋称为“副阶”，分为前檐廊、后檐廊、东西侧廊。开间最外一排的柱子称为“檐柱”或“廊柱”，分为前檐（廊）柱和后檐（廊）柱，两端为山檐（廊）柱。在檐（廊）柱靠里的一排柱子称为“金柱”或“步柱”，分前金（步）柱和后金（步）柱。如果在金（步）柱之内还有一排柱者，即在檐柱之内有两排金柱时，将紧靠檐柱的一排称为“外金柱”，另一排称为“里金柱”。柱脚立于柱顶石上，因此在平面布置时，要同时画出柱与柱顶石的投影。一栋房屋的构架，落脚在一座台基上，露出地面的部分称为“台明”，在檐柱之外与檐柱有一定距离的边线称为台明线。

1.1.3.2　现代仿古建筑工程度量衡

现代仿古建筑工程度量衡单位采用公制计量单位，如长度以米、厘米、毫米为单位，面积以平方米为单位，体积以立方米为单位等。其中，建筑模数是选定的尺寸单位，作为尺度协调中的增值单位。现代建筑设计中常采用三种模数，即基本模数、扩大模数和分模数。基本模数的数值规定为 100 mm，符号是 M。扩大模数是基本模数的整倍数，扩大模数的基数为 3M、6M、12M、15M、30M、60M 共 6 个，其相应的尺寸分别为 300 mm、600 mm、1200 mm、1500 mm、3000 mm、6000 mm 作为建筑参数。分模数是指整数除基本模数的数值，分模数的基数为(1/10)M、(1/5)M、(1/2)M 共 3 个，其相应尺寸分别为 10 mm、20 mm、50 mm。

1.2　仿古建筑工程造价

1.2.1　工程量清单定义及相关概念

工程量清单是指载明建设工程分部分项工程、措施项目、其他项目的名称和相应数量以及规费项目、税金项目等内容的明细清单。在建设工程发承包及实施过程的不同阶段，又可分为“招标工程量清单”“已标价工程量清单”等。招标工程量清单是指招标人依据国家标准、招标文件、设计文件以及施工现场实际情况编制的，随招标文件发布供投标报价的工程量清单，包括对其的说明和表格。已标价工程量清单是指构成合同文件组成部分的投标文件中已标明价格，经算术性错误修正（如有）且承包人已确认的工程量清单，包括对其的说明和表格。

1.2.1.1　分部分项工程量清单

分部分项工程是分部工程和分项工程的总称。分部工程是单项或单位工程的组成部分，系按结构部位、路段长度及施工特点或施工任务将单项或单位工程划分为若干分部的工程，例如，房屋建筑与装饰工程分为土石方工程、地基处理与边坡支护工程、桩基工程、砌筑工程、混凝土及钢筋混凝土工程、金属结构工程、木结构工程、门窗工程、屋面及防水工程、保温、隔热、防腐工程、楼地面装饰工程、墙、柱面装饰与隔断、幕墙工程、天棚工程油漆、涂料、裱糊工程等分部工程。分项工程是分部工程的组成部分，是按不同施工方法、材料、工序及路段长度等将分部工程划分为若干个分项或项目的工程，例如，钢筋工程可划分为现浇构件钢筋、预制构件钢筋、钢筋网片、钢筋笼、先张法预应力钢筋、后张法预应力钢筋、预应力钢丝、预应力钢绞线、支撑钢筋（铁马）等分项工程。一个完整的分部分项工程项目清单必须包括项目编码、项目名称、项目特征、计量单位和工程量计算规则等五大要件。

（1）项目编码。分部分项工程量清单的项目编码，应采用12位阿拉伯数字表示。1～9位应按各专业工程工程量清单编制规范附录的规定设置，其中1位、2位为专业工程代码：01—房屋建筑与装饰工程，02—仿古建筑工程，03—通用安装工程，04—市政工程，05—园林绿化工程，06—矿山工程，07—构筑物工程，08—城市轨道交通工程，09—爆破工程；3位、4位为附录分类顺序码；5位、6位为分部工程顺序码；7～9位为分项工程项目名称顺序码；10～12位为清单项目名称顺序码。

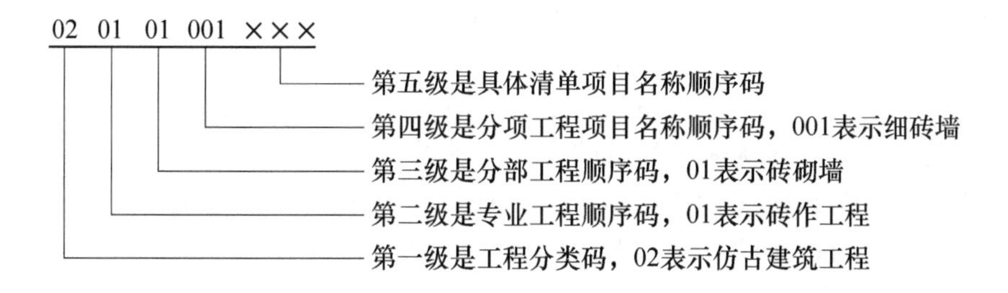

（2）项目名称。分部分项工程量清单的项目名称应按各专业工程工程量清单编制规范附录的项目名称结合拟建工程的实际确定。附录表中的“项目名称”为分项工程项目名称，是形成分部分项工程量清单项目名称的基础。即在编制分部分项工程量清单时，以附录中的分项工程项目名称为基础，考虑该项目的规格、型号、材质等特征要求，结合拟建工程的实际情况，使其工程量清单项目名称具体化、细化，以反映影响工程造价的主要因素。

（3）项目特征。项目特征是构成分部分项工程量清单项目、措施项目自身价值的本质特征。它是发包人针对某个项目向投标人发出的信息，也是投标人针对某个项目投标报价的重要依据，是确定一个清单项目综合单价不可缺少的重要依据，在编制工程量清单时，必须对项目特征进行准确和全面的描述。

（4）计量单位。分部分项工程量清单的计量单位应按各专业工程工程量清单编制规范附录中规定的计量单位确定。在工程量清单中，计量单位一般确定为基本单位，而不采用扩大的计量单位，这一点是工程量清单计价与定额计价的最大不同。

（5）工程量计算规则。工程量计算规则是指对清单项目工程量的计算规定。分部分项工程量清单中的工程数量，应按各专业工程计算规范附录中规定的工程量计算规则计算。由于清单工程量仅作为投标人投标报价的共同基础，工程结算的数量是按合同双方认可的最终完成的工程量确定的。

1.2.1.2　措施项目清单

措施项目是指为完成工程项目施工，发生于该工程施工准备和施工过程中的技术、生活、安全、环境保护等方面的项目。

清单计价规范中将措施项目划分为两类：一类是单价措施项目；另一类是总价措施项目。

（1）单价措施项目。可以精确计算工程量的措施项目，称为单价措施项目。对单价措施项目，在编制工程量清单时必须列出项目编码、项目名称、项目特征、计量单位和工程量。

单价措施项目的项目编码、项目名称、项目特征、计量单位、工程量计算规则应按照计算规范分部分项工程的有关规定执行。对于仿古建筑工程，单价措施项目主要有脚手架工程，混凝土模板及支架，垂直运输，超高施工增加，大型机械设备进出场及安拆，施工排水、降水等。

（2）总价措施项目。费用的发生与使用时间、施工方法或者两个以上工序相关，与实际完成的实体工程量的多少关系不大的措施项目，称为总价措施项目。对于总价措施项目，编制工程量清单时，必须按计算规范规定的项目编码、项目名称确定清单项目，不必描述项目特征和确定计量单位。

1.2.1.3　其他项目清单

其他项目是指分部分项工程、措施项目所包含的内容以外，因招标人的特殊要求而发生的与拟建工程有关的其他费用项目，其他项目组成其他项目清单。工程建设标准的高低、工程的复杂程度、工程的工期长短、工程的组成内容、发包人对工程管理要求等都会直接影响其他项目清单的具体内容，在编制清单过程中，编制人一般按暂列金额、暂估价（包括材料暂估单价、工程设备暂估单价、专业工程暂估价）、计日工、总承包服务费等进行列项，其不足部分，编制人可根据工程的具体情况进行补充。

（1）暂列金额。暂列金额是招标人在工程量清单中暂定并包括在工程合同价款中的一笔款项，用于工程合同签订时尚未确定或者不可预见的所需材料、工程设备、服务的采购，施工中可能发生的工程变更、合同约定调整因素出现时的合同价款调整以及发生的索赔、现场签证确认等的费用。暂列金额的数额由招标人暂定并掌握使用，计算时应根据工程特点，按有关计价规定估算。

（2）暂估价。暂估价是指招标人在工程量清单中提供的用于支付必然发生但暂时不能确定价格的材料、工程设备的单价以及专业工程的金额，包括材料暂估单价、工程设备暂估单价和专业工程暂估价，是招标人在招标阶段预见肯定要发生，只是因为标准不明确或者需要由专业承包人完成，暂时又无法确定具体价格时采用的一种价格形式。暂估价中的材料、工程设备暂估单价应根据工程造价信息或参照市场价格估算，列出明细表；专业工程暂估价一般应是综合暂估价，应当包括除规费和税金以外的管理费、利润等费用。编制时应分不同专业，按有关计价规定估算，列出明细表。

（3）计日工。计日工是指在施工过程中，承包人完成发包人提出的工程合同范围以外的零星项目或工作，按合同中约定的单价计价的一种方式。这里所指的零星项目或工作一般是指合同约定之外的或者因变更而产生的、工程量清单中没有相应项目的额外项目或工作，尤其是那些难以事先商定价格的额外项目或工作。计日工表中列出的人工、材料、施工机械台班，是为将来可能发生的零星项目或工作做的单价准备，计日工表中计量人一般应根据经验，通过估算给出一个比较贴近实际暂定数量。计日工的数额大小与承包商没有关系，竣工结算时，应该按照实际完成的零星项目或工作结算。

（4）总承包服务费。总承包服务费是指总承包人为配合协调发包人进行的专业工程分包，对发包人自行采购的材料、工程设备等进行保管以及施工现场管理、竣工资料汇总整理等服务所需的费用。这里的分包是指在法律、法规允许的条件下进行专业工程发包。招标人应当在其他项目清单中给出总承包服务费的项目，并明确分包的具体内容。

1.2.1.4 规费和税金项目清单

规费是指根据国家法律、法规规定，由省级政府或者省级有关权力部门规定施工企业必须缴纳的，应计入建筑安装工程造价的费用。规费项目清单一般应按社会保险费（包括养老保险费、失业保险费、医疗保险费、工伤保险费、生育保险费、住房公积金、工程排污费等）进行列项；如出现以上未包括的项目，应根据省级政府或省级有关权力部门的规定列项。

税金是指国家税法规定的应计入建筑安装工程造价内的增值税、城市维护建设税、教育费附加和地方教育附加，包括目前国家税法规定的应计入建筑安装工程造价内的税种。如果国家税法发生变化或地方政府及税务部门依据职权对税种进行了调整，应对税金项目清单进行相应调整。

1.2.2 工程量清单计价

工程量清单计价方法，适用于工程承发包阶段及工程实施阶段的工程造价计价活动，是我国从2003年起借鉴国外以市场竞争形成价格的工程计价体系而发展起来的一种方法。对使用国有资金投资或国有投资为主的建设工程必须实行工程量清单计价方法，目前我国采用的工程量清单计价方法，其构成单元的清单项目是采用的综合单价计价的。其建筑安装工程的造价按其构成要素包括人工费、材料费、施工机具使用费、企业管理费、利润、规费和税金。按其造价形成顺序，清单计价费用组成分为分部分项工程费、措施项目费、其他项目费、规费和税金。

我国目前采用的工程量清单计价方法是综合单价的计价方式。同工程定额计价法相比，主要区别在于计价的构成和造价的形成机制不同，国家已发布的《建设工程工程量清单计价规范》（GB 50500）规定，工程量清单计价价款应包括完成招标文件规定的工程量清单项目所需的全部费用。工程量清单计价方法的关键在于综合单价的计算及确定，在编制招标控制价或投标报价时，其综合单价的确定由编制人计算确定。但国家及地方为了指导工程量清单计价，也颁发了配套的综合单价清单定额，一般招标控制价编制时就参照该定额综合单价执行。但在招投标工程中，企业投标时，则应结合工程特点、自身企业定额及施工管理水平，自主确定其综合单价并报价竞争，单价高低和风险是由企业自主承担的，这就真正实现了企业的自主定价及市场形成价格的竞争机制，逐步建立以工程成本为中心的报价制度，实现了我国工程造价计价与管理和国际惯例接轨的目标。

工程量清单计价方法是区别于传统的定额计价方法的一种新的计价方法，即市场定价的方法。它是由建设工程产品的买方和卖方在建设市场上根据供求关系的状况，掌握工程造价信息的情况下进行公平、公开的竞争定价，从而最终形成的工程价格，即工程造价。因此，可以说工程量清单计价方法是建设市场建立、发展和完善过程中的必然产物。工程量清单计价的主要依据是国家发布的《建设工程工程量清单计价规范》（GB 50500），以及《仿古建筑工程工程量计算规范》（GB 50855）等专业的计量规范。工程量清单计价方法已经成为我国建筑产品价款计算的基本制度。以下简介工程量清单计价涉及的部分成果文件术语。

（1）招标工程量清单。招标工程量清单应以单位（项）工程为单位编制，应由分部分项工程项目清单、措施项目清单、其他项目清单、规费和税金项目清单组成。招标工程量清单应由具有编制能力的招标人或受其委托，具有相应资质的工程造价咨询人编制。招标工程量清单必须作为招标文件的组成部分，其准确性和完整性由招标人负责。

（2）招标控制价。招标控制价是招标人根据国家或省级、行业建设主管部门颁发的有关计价依据和办法，以及拟定的招标文件和招标工程量清单，结合工程具体情况编制的招标工程的最高投标限价。

（3）投标报价。投标报价是投标人投标时响应招标文件要求所报出的对已标价工程量清单汇总后标明的总价。投标人应依据招标文件及其招标工程量清单自主确定投标报价，投标报价不得低于工程成本。投标报价编制时，投标人必须按招标工程量清单填报价格、项目编码、项目名称、项目特征、计量单位、工程量必须与招标工程量清单一致。国有资金投资的工程，招标人编制并公布招标控制价的，投标人的投标不能高于招标控制价，否则，其投标作废标处理。

1.2.3 工程量清单编制范围

建设工程工程量清单计量与计价依据主要包括工程量清单计价和计量规范，国家、省级或行业主管部门颁发的计价定额和计价办法，建设工程设计文件及招标要求，与建设项目相关的标准、规范、技术资料，施工现场情况、工程特点及施工方案及价格信息等。仿古建筑计量与计价依据主要国家标准为《建设工程工程量清单计价规范》(GB 50500)、《仿古建筑工程工程量计算规范》(GB 50855)等。仿古建筑工程主要包括砖作工程、石作工程、琉璃砌筑工程、混凝土及钢筋混凝土工程、木作工程、屋面工程、地面工程、抹灰工程、油漆彩画工程等。

(1) 砖作工程对应清单附录具体内容有砌砖墙、贴砖、砖檐、墙帽、砖券(栱)、月洞、地穴、漏窗、须弥座、影壁、看面墙、廊心墙、坐槛面、槛栏杆、砖细构件、砖雕刻等。

(2) 石作工程对应清单附录具体内容有台基及台阶、栏杆、柱、梁、枋、墙身石活及门窗石、石屋面、栱券石、栱眉石、石作配件、石雕刻等。

(3) 琉璃砌筑工程对应清单附录具体内容有琉璃墙身、琉璃博风、挂落、滴珠板、琉璃须弥座、梁枋、垫板、柱子等。

(4) 混凝土及钢筋混凝土工程对应清单附录具体内容有现浇混凝土柱、现浇混凝土梁、现浇混凝土檩(桁)、枋、现浇混凝土板、预制混凝土柱、预制混凝土梁、预制混凝土檩(桁)、枋、预制混凝土板、预制混凝土椽子等。

(5) 木作工程对应清单附录具体内容有柱、梁、檩(桁)、枋、替木、楞木、承重、椽、翼角、斗栱、木作配件、古式门窗、古式栏杆、鹅颈靠背、倒挂楣子、飞罩、墙、地板、天花、匾额、楹联及博古架等。

(6) 屋面工程对应清单附录具体内容有筒瓦屋面、琉璃屋面、小青瓦屋面等。

(7) 地面工程对应清单附录具体内容有细墁地面、粗墁地面、细墁散水、粗墁散水、墁石子地等。

(8) 抹灰工程对应清单附录具体内容有墙面、天棚抹灰、梁柱面抹灰、其他仿古项目抹灰等。

(9) 油漆彩画工程对应清单附录具体内容有山花板、博风板挂檐板油漆彩画贴金、连檐、瓦口、椽头油漆彩画贴金、椽子、望板油漆彩画贴金、上架构件油漆彩画贴金、斗栱、垫栱板油漆彩画贴金、雀替、花活油漆彩画贴金、天花、顶棚彩画贴金、下架构件彩画贴金、装修油漆彩画贴金等。

（10）措施项目对应清单附录具体内容有脚手架工程、垂直运输和超高施工增加、大型机械设备进出场及安拆、施工降排水、总价措施等。

1.2.4　仿古建筑工程计量与计价步骤

1.2.4.1　准备工作

收集资料，熟悉施工图、了解和掌握现场情况及施工组织设计或施工方案等资料，熟练掌握计价定额及有关规定的要求，如与工程量清单计价法配套的计价定额（或预算定额），在进行工程量清单计价时，需要组合综合单价，各地区已发布了与工程量清单计价法配套的计价定额（或预算定额）。收集资料清单见表1-1。

表1-1　工程量清单计价法收集资料一览表

序号	资料分类	资　料　内　容
1	国家规范	国家或省级、行业建设主管部门颁发的计价办法
2		《建设工程工程量清单计价规范》（GB 50500）
3		《仿古建筑工程工程量计算规范》等9册计量规范
4	地方标准、定额	××地区建筑安装工程消耗量标准
5		××地区建设工程工程量清单预算定额
6		××地区建设工程工程量清单计价定额
7		××地区人工费调整系数、材料信息价、规费等管理办法
8	建设项目有关资料	设计文件、施工图纸、标准图集等
9		施工现场情况、工程特点及常规施工方案
10		经批准的初步设计概算或修正概算
11	其他有关资料	

1.2.4.2　划分工程项目

工程量清单计价方法下的划分工程项目，必须与现行国家发布的各专业工程工程量清单编制规范的项目一致，正确地选用计量规范、计算规则，编制正确的招标工程量清单。

1.2.4.3　计算工程量

在工程量清单计价法中，计算清单工程量必须采用现行国家发布的工程量清单计量规范，如《仿古建筑工程工程量计算规范》（GB 50855）等规定的计算规则，而不能采用与工程量清单计价法配套的计价定额中的计算规则。虽然各地区有配套工程量清单计价法的计价定额及定额计算规则，但它只能在组合综合单价时使用，而计算招标工程量清单的工程量时，不能采用。

1.2.4.4 编制招标工程量清单

招标工程量清单是招标人依据国家标准、招标文件、设计文件以及施工现场实际情况，按照《建设工程工程量清单计价规范》（GB 50500）以及《仿古建筑工程工程量计算规范》等工程量清单计量规范的规定编制，包括对其的说明和表格。招标工程量清单随招标文件发布，作为编制招标控制价的依据，也作为所有投标人投标报价的共同基础。

1.2.4.5 工程量清单项目组价

需要注意的是，由于工程量清单项目编制的综合性，每个工程量清单项目可能包括一个或几个子目，每个子目相当于一个定额子目，因此工程量清单项目套价的结果是计算该清单项目的综合单价。

1.2.4.6 分析综合单价

工程量清单的工程数量，按照现行国家发布的相应专业工程工程量清单计量规范规定的工程量计算规则计算。一个工程量清单项目由一个或几个定额子目组成，将各定额子目的综合单价汇总累加，再除以该清单项目的工程数目，即可求得该清单项目的综合单价。

综合单价中人工、材料、机械台班的净用量、损耗量和价格水平，企业管理费、利润的取费标准，风险费用的考虑因素和取费高低，是综合单价分析的主要重点。它们既是构成综合单价的资源要素，也是进行工程期中结算、竣工结算、强化工程造价全过程控制和管理的主要因素。

1.2.4.7 费用计算

在工程量计算、综合单价分析经复查无误后，即可进行分部分项工程费、措施项目费、其他项目费、规费和税金的计算，从而汇总得出工程造价。

费用的具体计算原则和方法如下：

$$\text{分部分项工程费} = \sum(\text{分部分项工程量} \times \text{分部分项工程项目综合单价}) \tag{1-1}$$

其中，分部分项工程项目综合单价由人工费、材料费、机械费、企业管理费和利润组成，并考虑风险因素。

措施项目费分为单价措施项目费与总价措施项目费两种，可以按现行国家发布的各专业工程工程量清单计量规范规定应予计量的措施项目，即为单价措施项目；不宜计量的措施项目为总价措施项目。

$$\text{单价措施项目费} = \sum(\text{措施项目工程量} \times \text{措施项目综合单价}) \tag{1-2}$$

$$\text{总价措施项目} = \sum(\text{措施项目} \times \text{费率}) \tag{1-3}$$

其中，单价措施项目综合单价的构成与分部分项工程项目综合单价构成类似。

$$\text{单位工程造价} = \text{分部分项工程费} + \text{措施项目费} + \text{其他项目费} + \text{规费} + \text{税金} \tag{1-4}$$

1.2.5　仿古建筑工程建筑面积计算

1.2.5.1　计算建筑面积的范围

（1）单层建筑不论其出檐层数及高度如何，均按一层计算建筑面积。其中：

1）有台明的按台明外围水平面积计算。

2）无台明有围护结构的以围护结构水平面积计算，围护结构外有檐廊柱的，按檐廊柱外边线水平面积计算；围护结构外边线未及构架柱外边线的，按构架柱外边线计算；无台明无围护结构的按构架柱外边线计算。

（2）有楼层分界的两层及以上建筑，不论其出檐层数如何，均按自然结构楼层的分层水平面积总和计算面积。其中：

1）首层建筑面积按上述单层建筑的规定计算。

2）两层及以上各层建筑面积按上述单层建筑无台明的规定计算。

（3）单层建筑或多层建筑两个自然结构楼层间，局部有楼层或内回廊的，按其水平投影面积计算。

（4）碉楼、碉房、碉台式建筑内无楼层分界的，按一层计算面积，有楼层分界的按分层累计计算面积。其中：

1）单层或多层碉楼、碉房、碉台的首层有台明的按台明外围水平面积计算，无台明的按围护结构底面外围水平面积计算。

2）多层碉楼、碉房、碉台的两层及以上楼层均按各层围护结构底面外围水平面积计算。

（5）两层及以上建筑构架柱外有围护装修或围栏的挑台建筑，按构架柱外边线至挑台外边线之间水平投影面积的1/2计算面积。

（6）坡地建筑、临水建筑及跨越水面建筑的首层构架柱外有围栏的挑台，按首层构架柱外边线至挑台外边线之间的水平投影面积的1/2计算面积。

1.2.5.2　不计算建筑面积的范围

（1）单层或多层建筑中无柱门罩、窗罩、雨篷、挑檐、无围护装修或围栏的挑台、台阶等。

（2）无台明建筑或两层及以上建筑突出墙面或构架柱外边线以外的部分，如墀头、垛等。

（3）牌楼、影壁、实心或半实心的砖、石塔。

（4）构筑物：如月台、圜丘、城台、院墙及随墙门、花架等。

（5）碉楼、碉房、碉台的平台。

2 砖 作 工 程

2.1 砖作工程概述

2.1.1 砖作工程主要构件

砖作工程是指仿古建筑工程中使用砖材砌筑建筑物、构筑物或其中某一部分的专业，例如依不同部位用砖砌筑台基、须弥座、台阶、砖檐、砖券（栱）、月洞、地穴及门窗套等。将砖砌体中对所用砖料，根据不同要求进行锯、截、砍、磨等加工，并对施工项目进行放线、砌筑、安装、洁面等施工工艺的高要求做法称为“做细”。本节主要介绍砌砖墙中干摆墙、丝缝墙、淌白墙、糙砌砖墙、空斗墙、贴角景墙面、砖檐、墙帽、砖券（栱）、月洞、地穴及门窗樘套、漏窗、须弥座、影壁、看面墙、廊心墙、坐槛面、槛栏杆及其他部分砖细构件等。

2.1.1.1 干摆墙

干摆墙即干摆细磨或磨砖对缝，是一种砌筑精度要求很高的墙体，如图 2-1 所示。它的墙面没有明显灰缝，表面一般呈灰色，平整无花饰，常用于槛墙或山墙下肩部位。摆墙用经过砍磨加工后的干摆砖，有的称它为“五扒皮”，即该砖有五面要加工，即正面为长身、两个丁头面和上下两个大面。采用“磨砖对缝”砌法，对砖的平整度要求极高，每块砖的棱角要整齐。干摆砖墙须用已加工的干摆砖，砌筑时应检查砖的棱角是否完好，并配备专门人员打截料，即对墙体要求

图 2-1　干摆墙

的特殊砖进行截断、磨光、砍削、配置等。干摆可在里外皮同时进行，也可只在外皮进行。如果只在外皮干摆，里皮要用糙砖和灰浆砌筑，叫作背里。如里、外皮同时干摆时，中间的空隙要用糙砖填充，即“填馅”。

2.1.1.2 丝缝墙

丝缝墙的墙面有比较细小的灰缝，故又称为细缝墙或撕缝墙，灰缝为2～3 mm。丝缝墙采用丝缝砖，丝缝砖的加工也是加工五个面，同干摆砖不同的是砖的上面的大面不砍包灰，要求磨平并与长身作直角相交，此面称“膀子面”，其他各面加工同干摆砖。丝缝做法又称为“细缝”“丝缝”，俗称“缝子”。丝缝墙一般用于上身墙，摆砌时上身的丝缝墙要比下肩缩进6～8 mm，即称为“退花肩”（又称退花碱或退花押）。摆砌方式可为三七缝、梅花丁或十字缝。摆砌时膀子面朝上，外口挂青浆灰，里口打灰墩（称为爪子灰），摆好砖后用瓦刀挤出灰浆并随手刮去，最后不用清水冲洗，而是用竹片耕缝，耕出的缝子应横平竖直，深浅一致。丝缝墙多用于砖檐、梢子、影壁心、廊心等装饰强的部位，效果可与干摆墙相媲美，如图2-2所示。

图2-2　丝缝墙

2.1.1.3 淌白墙

“淌白”其意近似“蹭白”，蹭即磨，是指无特殊修饰，蹭白是指磨素面的意思。淌白砖是经过简单加工的砖。常用的淌白墙有三种做法：第一种是仿丝缝做法，又叫作“淌白缝子”，淌白缝子所用的砖料是淌白截头（细淌白）；第二种是普通的淌白墙，这种淌白做法是最常见的做法，所用的砖料可以是淌白截头，也可以是淌白拉面（糙淌白）；第三种是淌白描缝，由于砖缝经烟子浆描黑，所以墙面对比强烈，描缝做法所用砖料与普通淌白墙相同，砖料截不截头均可。采用经粗加工过的淌白拉面砖材，摆砌砖下面必须铺灰，砖缝以3～5 mm为限，不刹趟、不墁下活，也有不耕缝的墙。若以砖料是否经过加工、砍磨为标准将墙体分为糙砖墙和细砖墙，则淌白墙是细砖墙中最简单的一种做法。淌白墙常与干摆、丝缝墙相结合，用于“四角硬”做法的墙心部分。

2.1.1.4 糙砌砖墙

按照古建传统，砖只要不砍磨加工，无论清水墙或混水墙都属糙砖墙。也可以说，用未经加工的整砖加灰浆所砌的墙体，都称为糙砖墙，根据灰缝的大小分为带刀缝墙和灰砌糙砖墙。糙砖墙砌筑做法包括带刀缝和灰砌糙砖，如图2-3所示。带刀缝相当于现代的清水墙；灰砌糙砖相当于现代的混水墙（即在施工的时候不考虑表面美观性），灰砌糙砖适用于基础、墙体的背里，不打灰条，而是满铺灰浆砌筑，灰缝8~10 mm，砌好后也可再灌浆加工，浆的种类根据不同用途用白灰浆、挑花浆或江米浆均可。

(a)

(b)

图2-3 糙砌砖墙实物图
(a) 带刀缝糙砌砖墙；(b) 灰砌糙砖墙

2.1.1.5 空斗墙

空斗墙是指用砖侧砌或平、侧交替砌筑成的空心墙体，是一种优良轻型墙体，与同厚度的普通实心墙相比，可节约砖材、砂浆和劳动力，同时由于墙内形成空气隔层，提高了隔热和保温性能。空斗墙是用砖料与砂浆砌筑而成，在墙中形成若干空斗，按砌筑方式有一斗一卧、二斗一卧、三斗一卧、单顶全斗墙、双顶全斗墙等，如图2-4所示。空斗墙是一种非匀质砌体，坚固性较实砌墙差，因而墙体的重要部位须砌成实体，例如门窗洞口的两侧、纵横墙交接处、室内地坪以下勒脚墙、承受集中荷载的部位处等。

2.1.1.6 贴角景墙面

贴角景墙面是指将砖加工成所需角景艺术花样形式，用于镶贴墙面的施工工艺，包括六角景、八角景、斜角景等。六角景、八角景是指按砖外形为六角形和八角形而命名，即将贴面砖加工成六角形、八角形，再镶贴而成的墙面，多是在用线砖围成的景况（称为砖池）内进行砌筑，贴面砖边长规格常以30 cm内方砖为主。斜角景是用四边形的方砖进行斜贴的一种形式，即将贴面砖加工成菱形或

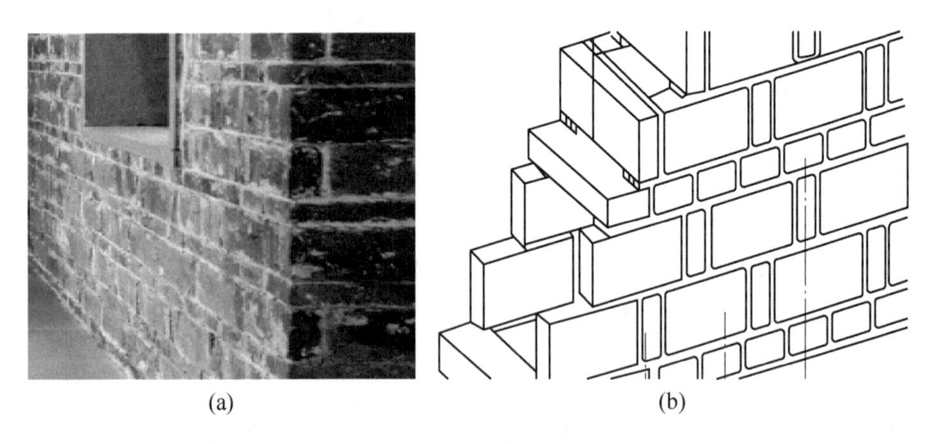

(a)　　(b)

图 2-4　空斗墙实物图及示意图
（a）空斗墙实物图；（b）空斗墙示意图

方形，再镶贴成斜角形墙面，按贴面砖边长规格常以 40 cm 内或以 30 cm 内方砖为主，如图 2-5 所示。

(a)　　(b)

图 2-5　贴角景墙面实物图
（a）八角景实物图；（b）斜角景实物图

2.1.1.7　砖檐

砖檐是指在墙身之上、屋面之下，用一定形状的砖料，层层挑出凸出墙面，用于遮挡屋檐雨水和装饰檐口的砌体。按照砖料是否经细磨加工可分为细砖砖檐和糙砖砖檐两大种类，按照砌筑形式可分为冰盘檐、直线檐、抽屉檐、菱角檐、鸡嗉檐等，如图 2-6 所示。

冰盘檐是指四层挑砖以上的复杂砖檐，砖砌檐口的花纹形式有似冰裂纹形，是“封后檐”做法中最优美的一种砖檐，一般分为细砌冰盘檐和糙砌冰盘檐。

图 2-6　砖檐实物图

冰盘檐根据挑出的层数分为四层至八层，每层砖的看面有不同的形状，均冠以不同的名称，将砖看面加工成“气”字形者称为枭，加工成凹半圆形者称为炉口，加工成刀尖形者称为半混；将砖看面加工成若干个半圆珠形者，使之成为串珠形式，称为连珠混，砖椽子是模仿木椽子截面，将砖剔凿成若干椽子形式。剔凿成矩形截面者简称为“砖椽子”，剔凿成圆形截面者称为“圆椽子”，挑檐砖的第一层和最后一层分别叫作“头层檐”及“盖板砖”，如图 2-7 所示。

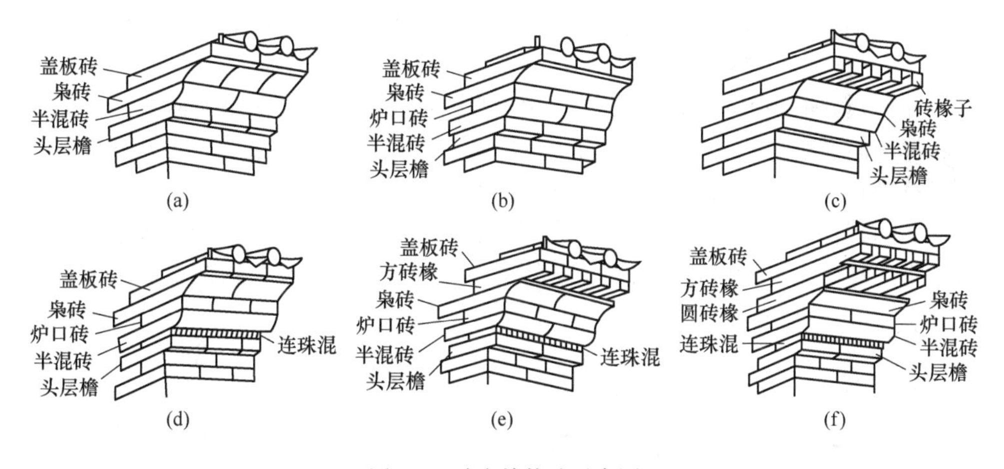

图 2-7　冰盘檐构造示意图

（a）四层冰盘檐；（b）五层冰盘檐；（c）五层冰盘檐带砖椽子；
（d）六层冰盘檐；（e）七层冰盘檐；（f）八层冰盘檐

直线檐、抽屉檐、菱角檐、鸡嗉檐都是“封后檐”做法中檐口砖比较简单的几种檐口砌法形式，是三层以内的挑檐砖，如图 2-8 所示。直线檐是指檐口挑出的砖砌成一水平横线，檐口砖不做任何加工，是最简单的一种檐口做法，一般只有两层。抽屉檐有三层挑砖，中间一层用条砖或半宽砖按间隔空隙砌筑，如同抽屉形。菱角檐也为三层挑砖，中间一层用斜角砖，斜角向外砌筑，如同菱角。鸡嗉檐也只有三层，将中间一层砖加工成弧形（称此为半混砖），如同鸡嗉。

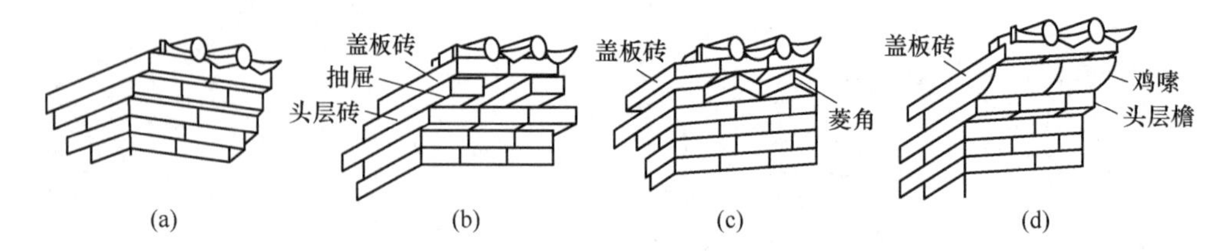

图 2-8　直线檐、抽屉檐、菱角檐、鸡嗉檐构造示意图
（a）直线檐；（b）抽屉檐；（c）菱角檐；（d）鸡嗉檐

2.1.1.8　墙帽

墙帽是指砖砌围墙、砖砌院墙顶上的砖砌盖顶，因形式像沿帽而得名，院墙越高，墙帽越大。按照砖料是否经细磨加工可分为细砖墙帽和糙砖墙帽两大种类，按墙面出檐形式包括双面出檐和单面出檐。根据砌筑形式可分为蓑衣顶、真硬顶、假硬顶、馒头顶、宝盒顶、鹰不落顶、花瓦墙帽等，如图 2-9 所示。蓑衣顶是指其断面轮廓形状有似于古时农夫渔翁所披的挡雨披风，由上而下层层扩放，蓑衣顶的层数一般为 3 ~ 7 层，依砖墙厚度和盖帽高度而定。真硬顶是指盖帽顶部斜面全部用砖实砌而成，这种砖顶常在顶尖做有一压顶，此称为“眉子”，故又称为“眉子真硬顶”。真硬顶斜面根据所铺砖砌的图案，有一顺出、褥子面、八方锦和方砖等。其中，一顺出是指铺砖按砖的长向由上而下，一顺铺出；褥子面是指将砖一横两直组合为一组，进行斜面铺筑的图案；八方锦是指将砖进行横直交叉铺筑的图案。馒头顶有的称为“泥鳅背”，它将盖顶面做成圆弧形面，因其背比较圆滑，故又取名为泥鳅背。宝盒顶是将盖帽做成盒体形断面，有如古代器皿的宝盒形式。假硬顶是将真硬顶的砖铺斜面改为抹灰斜面。鹰不落

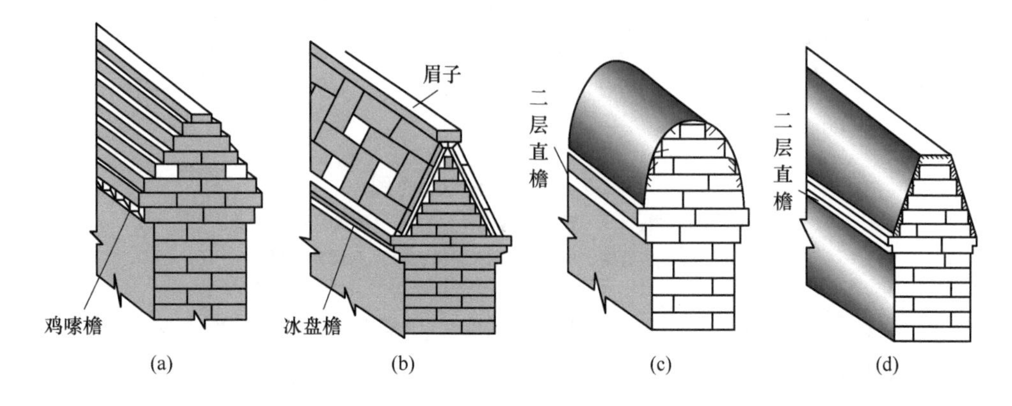

图 2-9　砖砌墙帽示意图
（a）蓑衣顶墙帽；（b）真硬顶墙帽；（c）馒头顶墙帽；（d）宝盒顶墙帽

顶是将假硬顶斜面改成凹弧形斜面。花瓦墙帽是比较高级的墙帽，它是用筒、板瓦，组拼成不同的花纹图案作为花蕊，上面覆以盖板而成的盖顶。

2.1.1.9　砖券（栱）、月洞、地穴及门窗樘套

砖券（栱）又称“砖碹”，是指门窗洞口顶上的圆弧形砖过梁。按照砖料是否经细磨加工，可分为细砌砖券和糙砌砖券两大种类。按照弧顶形式，即砖券脸类型，可分为木梳背券、平券、圆光券、异型券、车棚券（含半圆券）等。各个砖券都有不同的起栱度，平券起栱度为1%跨度，木梳背券的起栱度为4%跨度，车棚券的是5%跨度，圆光券是在整个圆弧圈的基础上，将上半圆再按2%跨度起栱，如图2-10所示。

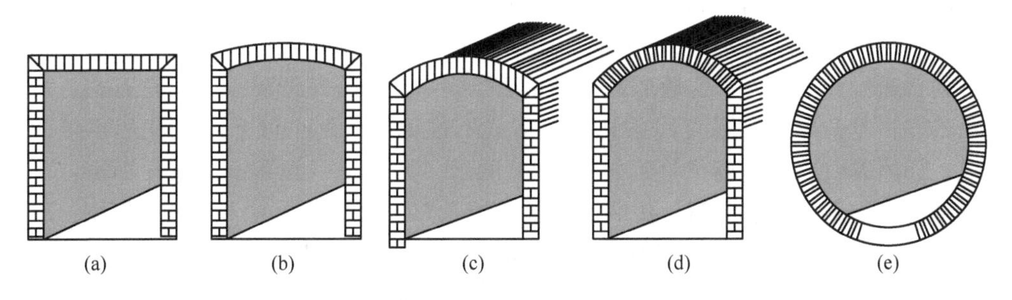

图2-10　砖券（栱）示意图

（a）平券；（b）木梳背券；（c）车棚券；（d）半圆券；（e）圆光券

月洞是指在院墙上开有空洞而不装窗户者，如图2-11(a)所示；地穴是指院墙、围墙上有门洞而不装门扇者，如图2-11(b)所示。门窗洞口内侧壁进行贴砌称为“樘”，门窗洞口外侧周边进行镶贴称为“套”，门窗樘套就是指将月洞和地穴洞口用加工的砖料贴砌成一定形式的装饰面。

(a)

(b)

图2-11　月洞和地穴实物图

（a）月洞；（b）地穴

2.1.1.10 漏窗

漏窗俗称花墙头、花墙洞、漏花窗、花窗，是中国传统建筑中一种满格的装饰性透空窗，外观为不封闭的空窗，窗洞内装饰着各种镂空图案，透过漏窗可隐约看到窗外景物。漏窗与月洞，都是指没有窗扇的窗洞，但月洞是空洞，而漏窗则是带有窗框和遮挡空洞的花纹芯子。按照装饰加工要求程度，分为砖细漏窗和一般漏窗两种类型。按照漏窗芯子砌筑材质可分为砖细漏窗和砖瓦漏窗，其中，砖细漏窗按结构又包括砖细漏窗边框和砖细漏窗芯子。砖细漏窗边框是指用加工砖砌成的窗框，根据加工安装要求不同分为单边双出口、单边单出口、双边双出口、双边单出口四种情况。一般漏窗是指采用普通砖砌筑的窗洞，并对窗洞用石灰砂浆和纸筋灰抹面，洞内砌有窗芯子所形成的漏窗。砖瓦漏窗是指其漏窗芯子是用砖瓦拼砌的花纹格子，包括全瓦片式、软景式和平直式。依其所砌花形不同分为普通形和复杂形，普通形是指平直线条拐弯简单，花形单一，如宫万式、六角景等；复杂形是指平直线条拐弯较多或不规律，由两个以上单一花形拼接而成，如冰裂纹、六角菱花等，如图 2-12 所示。另外有一类漏窗叫作什锦窗，是一种装饰作用极强的漏窗，按洞口形状包括五方、六方、八方、圆形、寿桃、扇面、蝠、宝瓶、双环、叠落方胜（双菱形）石榴、海棠花等。什锦窗的窗套（包括窗口侧壁和贴脸）一般有两种做法，即木制的和砖制的，其中砖制窗套则用砖料砍磨而成。

(a)

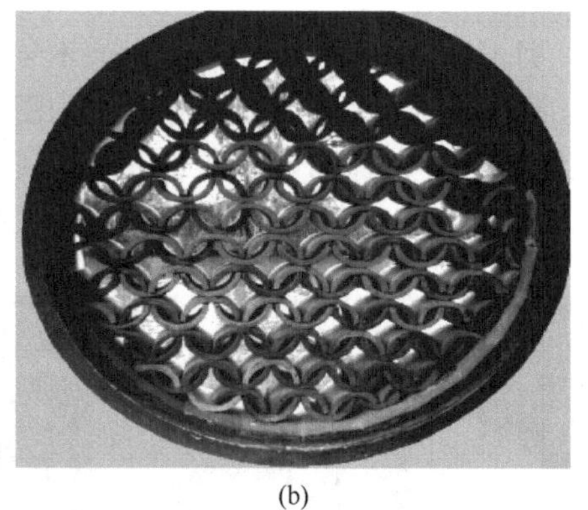
(b)

图 2-12　漏窗实物图

（a）宫万式砖细漏窗；（b）全瓦片式砖瓦漏窗

2.1.1.11 须弥座

须弥座又名“金刚座”“须弥坛”，源自印度，是由佛座演变来的，形式与装饰比较复杂，古代一般用于高级建筑，如宫殿、坛庙的主殿，以及塔、幢的基座等，现代大至房屋建筑平台、小至神像台座，都可使用，须弥座的用材可为砖作、石作和木作等结构。砖砌须弥座是指用砖料加工成的砖须弥座构件，可作为台基底座，包括土衬、圭角、连珠混、直檐、枭砖、混砖、炉口、束腰、盖板等构件，如图2-13所示。其中，土衬是指台基底座接触土壤部分的垫层，在厚度方向有一半埋入土中；圭角又称圭脚，是须弥座的基底构件，相当台座的基脚；直檐和盖板是指一般须弥座上下枋，是矩形截面构件；枭砖是由矩形面转变到弧形面的过渡构件，它是一种凹凸形弧面，分别置于直檐和盖板上下；炉口是一种凹弧面，它是枭砖与混砖之间的过渡构件，多用于砖檐结构中，须弥座一般用得较少；混砖是一种圆弧形的弧面，分别置于枭或炉口的上下；连珠混是指将砖的外观面加工成一棵棵半圆珠形，形似串联佛珠；束腰是指中间部位的构件，它比以上各构件高大厚实。砖砌须弥座按照砖料是否经细磨加工还可分为细砌须弥座和糙砌须弥座两大种类。

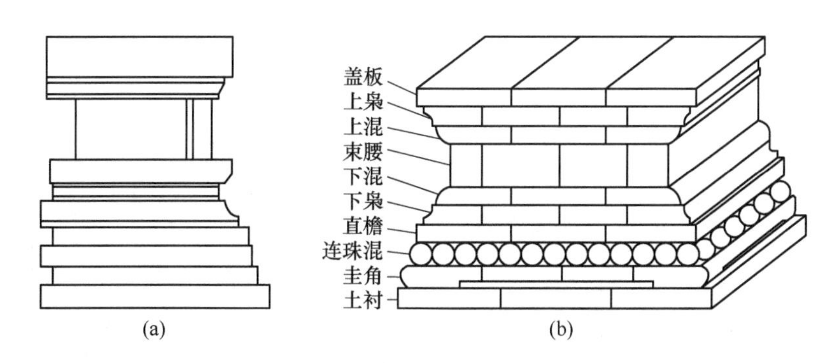

图2-13 砖砌须弥座示意图

2.1.1.12 影壁、看面墙、廊心墙

影壁，又称照壁，也称萧墙，位于大门内，也可位于大门外，前者称为内影壁，后者称为外影壁。其主要作用是让院大门之内的天井、厅堂等不直接暴露于外，称为“隐”，让门外视线受该墙堵截，称为“避”，借此营造一种庄重、森严、神秘的氛围，形状有一字形、八字形等，如图2-14所示。

影壁由墙帽、砖檐、砖墙身、墙基座四部分组成。墙帽、砖檐同前所述，墙基座同台明或须弥座。这里主要介绍砖墙身部分，它的构造分为影壁芯、柱子、箍头枋、三叉头、马蹄磉、瓶耳子、线枋子等构件。影壁芯是指影壁墙的中间部分，一般用方砖镶贴成饰面，因此又称为“方砖心”。柱子是方砖心两边的装饰柱，一般用城砖砍磨制作。箍头枋即图2-15中的大枋子，是影壁芯顶部的装饰横梁，可用城砖或大停泥砖制作。三叉头是箍头枋两端的枋头形式，用砖砍制成三折线形。马蹄磉是柱子的底座，做成柱墩形式。耳瓶子是柱顶的装饰构件，用砖砍制成花瓶形。线枋子是围砌影壁芯的框线砖，形似木枋截面，如图2-15所示。另外完整的看面墙做法，与影壁墙做法类似，不再赘述。

(a)

(b)

图2-14 影壁实物图
（a）一字形影壁；（b）八字形影壁

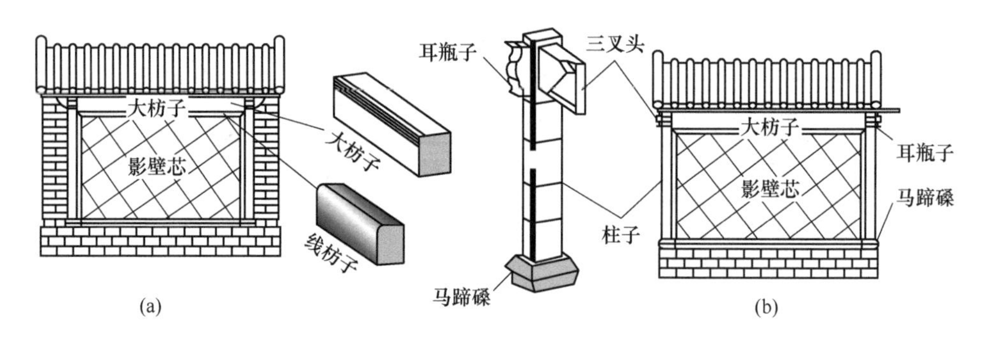

图2-15 影壁组合构件示意图
（a）有撞头影壁上身；（b）无撞头影壁上身

廊道两端的碰头墙，根据使用功能不同分为做有门洞和不做门洞两种，做有门洞的称为“廊门桶子”，不做门洞的称为“廊心墙”，如图2-16所示。廊心墙位于山墙里檐（廊）柱与金（步）柱之间，廊心墙从下而上为下肩、廊心、象眼，在穿插当子的上方，由抱头梁上皮和檐椽下皮圈出的三角形墙面称为“象眼”。廊心墙装饰部分构件一般有上下槛、立八字、小脊子、穿插档、线坊子、墙芯等。上下槛是指廊心墙面的墙芯顶和底的横框线砖构件；立八字是指左右两边的竖框线砖构件；小脊子是位于穿插枋下面的墙面装饰砖构件，一般呈圆弧线脚面；穿插档是位于穿插枋上方的墙面装饰砖构件，一般呈矩形饰面；墙芯与影壁芯相同，不再赘述。

2.1.1.13 坐槛面、槛栏杆

“半墙”即指矮墙，又称槛墙，如亭廊周边的围栏墙、坐槛墙等。砖细半墙坐槛面是指用经锯切刨磨加工后的砖料，铺在矮墙上面作为座凳等面砖。根据有

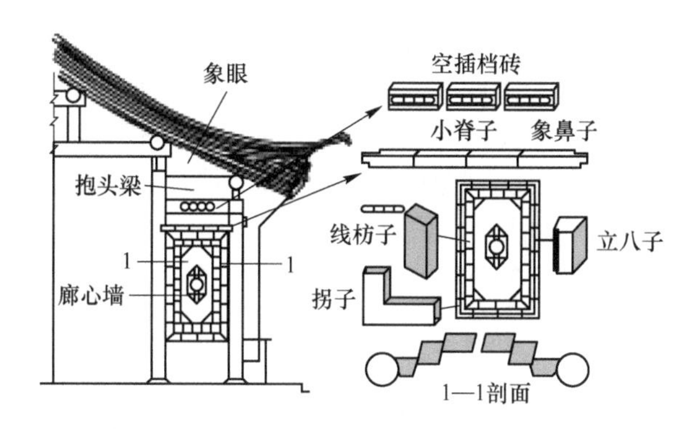

图 2-16 廊心墙示意图

无固定锁扣件可分为有雀簧和无雀簧两种形式，又根据是否将面砖剔凿出线条可分为有线脚和无线脚两类型。砖细坐槛栏杆是指用砖砌成带有坐槛面的砖栏杆，一般多用于凉亭、游廊廊柱之间。砖细坐槛栏杆由砖细坐槛面、砖细栏杆身、拖泥三部分组成，砖细坐槛面是砖细（坐槛）栏杆顶面上平面砖，可做成四角起木角线，即在坐槛面砖的上下两面的四个角，每个角加工成木脚线形（即凹弧角形式）的线脚；砖细栏杆身是指砖细坐槛栏杆之下、拖泥之上部分，它由栏杆槛身侧柱和栏杆槛身芯子砖组成，栏杆槛身侧柱是指在坐槛面之下，矮墙端头所做的栏杆柱，是砖栏杆的受力构件；栏杆槛身芯子砖是指栏杆墙的墙身空花砖，因它处在上顶、下脚、左右柱之间，故称芯子；拖泥是指墙脚接触地面上的铺垫砖，在砖细栏杆中可做成双面起木角线拖泥，即将其上面两个角加工成木角线形，如图 2-17 所示。

(a)

(b)

图 2-17 坐槛面和槛栏杆实物图
（a）无雀簧砖细半墙坐槛面实物图；（b）砖细坐槛栏杆实物图

2.1.1.14　其他部分砖细构件

砖细抛枋是将墙体露明部分的装饰方口砖加工成木枋截面形式，或其他截面形式面砖的称呼。依据加工枋口形式，分为平面抛枋和带枭混线脚抛枋。平面抛枋是指将装饰方口砖的砖面经截锯、刨光、裂迹补灰、打磨洁面等加工，使之做成平整光洁的平面；带枭混线脚抛枋是指将方口面加工成带有弧形状的口面，如枭形、半混、圆混（即半圆形）、炉口等。台口抛枋是专指对砖露台、砖驳岸等砖砌平台的边缘砖进行加工的称呼。依据加工形式分为一般台口抛枋、圆线台口抛枋。一般台口抛枋是指台口的平面抛枋。圆线台口抛枋即指将砖边缘做成圆弧线形式。

勒脚与现代建筑房屋墙体勒脚意义相同。在仿古建筑墙体中，是指墙身下部约占墙高 1/3 的部分，如图 2-18 所示，这部分墙体比上部墙体稍厚，并且面砖要求砌缝细小而平直，施工质量要求较高。勒脚细是指墙体勒脚所用的面砖为经过锯切、刨平、磨光等加工的砖。

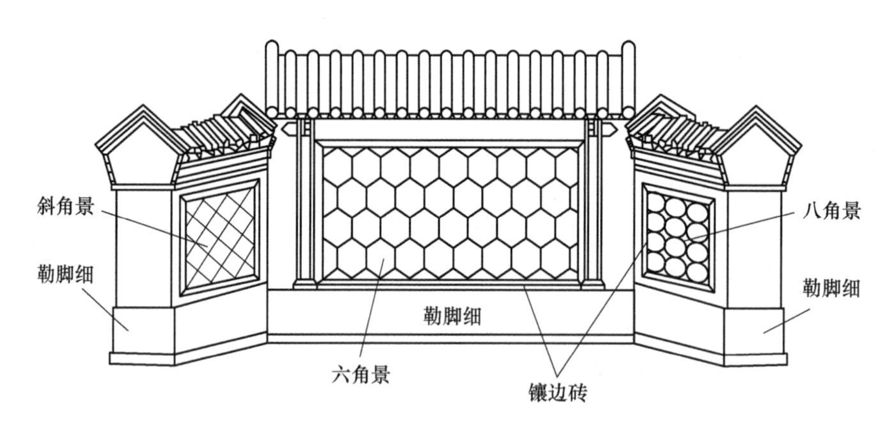

图 2-18　砖细勒脚等贴墙示意图

跺头是指房屋两端山墙伸出廊柱外的墙跺上面挑出部分，砖细跺头是用方砖剔凿成不同形式的线脚，进行层层迭砌挑出，其上镶贴兜肚板而成，如图 2-19(a)所示。砖细戗头板虎头牌是指跺头上部向前倾斜的立板，也称墀头梢子，是用加工好的方砖（戗檐砖）砌筑而成，如图 2-19(b)所示。

2.1.1.15　砖雕刻及碑镌字

砖雕刻及碑镌字是指在砖面上进行雕刻花纹，或在字碑上镌字等所进行的加工，分为方砖雕刻和字碑镌字。砖雕刻依据雕刻深浅要求不同，分为素平（阴线刻）、减地平级（平浮雕）、压地隐起（浅浮雕）、剔地起突（高浮雕）等，均分为简单雕刻和复杂雕刻，其中简单雕刻是指雕刻单一直线形或单一花形，复杂雕刻是指雕刻带弧线形或多种花形。素平（阴线刻）是指在表面做简单刻线，简

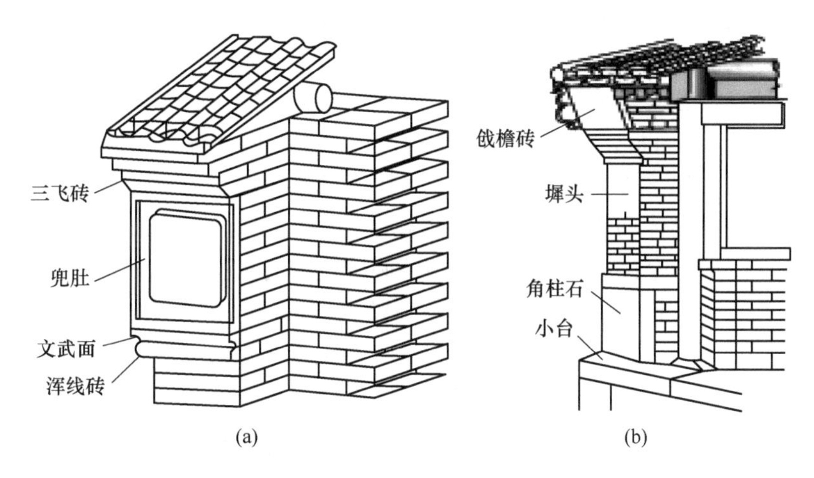

图2-19 砖踩头和砖细戗头板虎头牌示意图
(a) 砖踩头；(b) 砖细戗头板虎头牌

称阴刻线；阴线刻即指刻凹线，刻线深度不超过0.3 mm。减地平钑（平浮雕）是指在表面上雕刻凸起花纹，“减地”即指将凸花以外的部分降低一层，让花纹凸起；“平钑”即指雕刻不带造型的平面花纹，即平面型浮雕。减地平钑简称平浮雕。压地隐起（浅浮雕）是指带有部分立体感的雕刻，“压地”顾名思义为用力下压，即比减地更深一些；“隐起”即指让雕刻的花纹有深浅不同的阴影感。压地隐起是指稍有凸凹的浮雕，称为浅浮雕。剔地起突（高浮雕）是指雕刻的花纹具有很强的立体感，即近似于实物的真实感，“剔地”是指剔剥、切削一层，即比压得更深一些；“起突”即指花纹图案该凸的地方应凸起来，该凹的地方应凹下去，使其能显示出图案的真实面貌。剔地起突是体现立体感的高精度浮雕，称为高浮雕。字碑镌字分为阴（凹）纹字、阳（凸）纹字、圆面阳纹字。阴（凹）纹字即相当上述素平型的刻字；阳（凸）纹字即相当上述减地平钑型的刻字；圆面阳纹字即相当上述压地隐起型的刻字。字体规格分为50 cm×50 cm以内、30 cm×30 cm以内、10 cm×10 cm以内三种规格。

2.1.2 砖作工程主要材料与工艺、构造

2.1.2.1 砖作工程主要材料

砖作工程主要材料有砖料、灰浆等。

砖料品种除了标准砖、多孔砖等现代品种外，还有城砖、停泥砖、沙滚砖、条砖、四丁砖、金砖、斧刃砖、地趴砖等。城砖是仿古建筑砖料中规格最大的一种砖，因多用于城墙、台基和墙脚等体积较大的部位，所以取名为城砖。城砖有大小两种规格，大的称为大城样砖，一般尺寸约为480 mm×240 mm×128 mm；

小的称为二城样砖，一般尺寸为 440 mm×220 mm×110 mm。停泥砖是以优质细泥（通称停泥）制作，经窑烧而成，其规格较城砖略小，也分为大停泥砖和小停泥砖两种规格，大停泥砖的尺寸一般为 410 mm×210 mm×80 mm，小停泥砖的尺寸一般为 280 mm×140 mm×70 mm。沙滚砖即用沙性土壤制成的砖。条砖即较窄小的砖。四丁砖又称蓝手工砖，是民间小土窑烧制的普通手工砖，一般用于要求不太高的砌体和普通民房上，其规格与现代标准砖相近，即为 240 mm×115 mm×53 mm。金砖即指质量最好的特制砖，敲之具有清脆声音，当时专供京都使用。斧刃砖又称斧刃陡板砖，它是一种较薄的砖，因其薄窄而冠名为斧刃，又因其多用于侧立贴砌，冠名为陡板。地趴砖是指专供铺砌地面之砖。方砖即大面尺寸成方形的砖。表 2-1 为仿古建筑砖作工程砖料品种表。

表 2-1　仿古建筑砖作工程砖料品种表

名称		主要用途	设计参考尺寸（糙砖规格）/mm×mm×mm	清代官窑规格 /mm×mm×mm	说明
城砖	澄浆城砖	宫殿墙身干摆、丝缝，宫殿墁地，檐料，杂料	470×240×120	480×240×112	如需砍磨加砍净尺寸，按糙砖尺寸扣减 5 ~ 30 mm 计算
	停泥城砖	大式墙身干摆、丝缝，大式墁地，檐料，杂料	470×240×120	480×240×128	
	大城样（大城砖）	小式下碱干摆、大式地面，基础，大式糙砖墙，檐料，杂料，淌白墙	480×240×130	464×233.6×112	
	二城样（二城砖）	同大城样	440×220×110	416×208×86.4	
	沙城（随式城砖）	随其他城砖背里	同其他城砖规格	同其他城砖规格	
停泥滚子	大停泥	大、小式墙身干摆、丝缝，檐料，杂料	320×160×80 410×210×80		
	小停泥	小式墙身干摆、丝缝，地面，檐料，杂料	280×140×70 295×145×70	288×144×64	
沙滚子	大沙滚	随其他砖背里，糙砖墙	320×160×80 410×210×80	281.6×144×64 304×150.4×64	
	小沙滚	同大沙滚	280×140×70 295×145×70	240×120×48	
开条砖	大开条	淌白墙，檐料，杂料	260×130×50 288×144×64	288×160×83	
	小开条	同大开条	245×125×40 256×128×51.2		

续表 2-1

名称		主要用途	设计参考尺寸（糙砖规格）/mm×mm×mm	清代官窑规格/mm×mm×mm	说明
斧刃砖		贴砌斧刃陡板墙面，墁地，杂料	240×120×40	320×160×70.4 240×118.4×41.6 304×150.4×57.6	砍净尺寸，按糙砖尺寸扣减 10 mm 计算
四丁砖		滴白墙，糖砖墙，檐料，杂料，墁地	240×115×53		四丁砖即兰手工砖,适于砍磨加工,如砌糙砖墙,可用兰机砖
地趴砖		室外地面，杂料	420×210×85		
方砖	尺二方砖	小式墁地，博缝，檐料，杂料	400×400×60 360×360×60	384×384×64 （常行尺二：352×352×48）	砖净尺寸,按糙砖尺寸扣减 10~30 mm
	尺四方砖	大、小式墁地，博缝，檐料，杂料	470×470×60 420×420×55	448×448×64 （常行尺四：416×416×57.6）	
	足尺七方砖	大式墁地，博缝，檐料，杂料	570×570×60		
	形尺七方砖		550×550×60 500×500×60	尺七：544×544×80 （常行尺七：512×512×80）	
	二尺方砖		640×640×96	640×640×96	
	二尺二方砖		704×704×112	704×704×112	
	二尺四方砖		768×768×144	768×768×144	
	金砖(尺七~二尺四)	宫殿室内墁地，宫殿建筑杂料	同尺七~二尺四方砖规格	同尺七~二尺四方砖规格	
仿古面砖	仿停泥	仿古建筑墙面镶贴	240×61		
			280×61		
	仿斧刃陡板		100×200		
	仿城砖		100×390		

古代建筑中所用的灰浆，都是用天然材料经过简单加工，按经验比例配合而成，它虽不及现代水泥砂浆的高强、快干，但它对墙体不会产生膨胀、干裂等副作用。灰浆材料的种类及配比应符合下列要求：

宋代《营造法式》规定有四灰，即红灰、青灰、黄灰、破灰，如设计有要求按照设计要求，设计无要求可按照如下比例（质量比）配制。

（1）红灰配合比为：石灰：土朱：赤土＝3：1：2.3。

（2）青灰配合比为：石灰：软石炭＝1：1或石灰：粗墨：胶＝10：1：0.07。

（3）黄灰配合比为：石灰：黄土＝3：1。

（4）破灰配合比为：石灰：白蔑土：捣乱的麦秆＝1：4.8：0.9。

仿古建筑中砂浆多以现代砂浆为主，但部分要求较高砌体，仿清制时期常用于墙体的灰浆，如设计有要求按照设计要求，设计无要求可按照表2-2较常用的几种砌筑灰浆的配置使用。

表2-2 常用仿古建筑砌筑灰浆

浆灰名称		配制方法	主要用途
浆类	白灰浆	将块石灰加水浸泡成浆，搅拌均匀过滤去渣即成生灰浆；若用泼灰加水，搅拌过滤即成熟灰浆	一般砌体灌浆，掺入胶类后用于内墙刷浆
	月白浆	将白灰浆和青灰浆混合即成月白浆，10：1混合为浅色，10：2.5混合为深色	砌体灌浆和小式墙面刷浆
	桃花浆	将白灰浆和黄土混合即成桃花浆，常按3：7或4：6体积比配	砌体灌浆和小式墙面刷浆
	江米浆	用江米汁12 g和白矾1 g可兑成纯江米浆；用江米汁330 g和白矾1.1 g加石灰浆可兑成石灰江米浆；用江米汁10 g和白矾0.3 g加青灰浆1 g可兑成青灰江米浆	砌体灌浆和灰背
灰类	老浆灰	用青灰浆：白灰浆＝7：3拌和均匀，经过滤（细筛）沉淀而成	墙体砌筑、黑活瓦作
	纯白灰	即白灰膏，用白灰浆沉淀而成	砖墙砌筑、内墙抹灰
	油灰	用泼灰：面粉：桐油＝1：1：1调制而成，加青灰或烟子可调深浅颜色	砖石砌体勾缝
	江米灰	月白灰掺入麻刀和江米浆捣制均匀而成，月白灰：麻刀：江米浆＝25：1：0.3	琉璃构件砌筑和夹垄
	砖面灰	在月白灰或老浆灰内，掺入碎砖粉末搅拌均匀而成，灰膏：砖面＝2.5：1	砖砌体补缺（打点刷浆）
	掺灰泥	将泼灰、黄土拌和均匀后，加清水调制而成。泼灰：黄土＝1：1～1：2.5	民间砖墙砌体和苫背

2.1.2.2 砖作工程主要工艺、构造

砖细的制作工艺包括选料、做样板砖、粗加工、细加工及磨配试组。选料应根据设计对砖细的要求，选择质量、色泽、规格等符合的砖料；做样板砖在未全面展开砖细加工之前，应按设计要求先做样板砖，样板砖检查合格后，以此为样板进行砖细加工；粗加工应根据加工对象的具体要求进行画线、取平、打直等粗加工；细加工应根据干摆砖、丝缝砖、金砖、异形砖、淌白砖等按设计的不同要求进行细致加工；磨配试组将加工合格相互联结叠砌的砖细进行磨配试组。将不吻合处应进行加工修理，将表面缺陷、砂眼用砖药修补磨平。

墙身砌筑排列应符合下列规定：同一墙面的两端若艺术形式相同，同一层砖的两端转角砖也应形式相同。传统青砖的水平排列不得采用现代“满丁满条”做法。条砖卧砌的槛墙、象眼，应采用十字缝排砖方法，不得采用其他方法。采用三七缝、十字缝、一顺一丁等做法的墙面，应符合传统的排砖规则。廊心墙、落膛槛墙、“五出五进”“圈三套五”、影壁等有固定传统做法的墙面艺术形式，以及砖檐、博缝、梢子、花砖花瓦墙等有固定的传统式样的部位，砖的形制或摆放应符合相应的传统规定。碎砖墙的外皮不应出现陡砖。同一层砖的厚度应基本一致。上、下通缝不应超过 3 皮砖。山墙、后檐墙外皮对应柱根的位置应设置透风，透风最低处应比台明高 2 层砖（城砖可为 1 层）。透风至柱根应能使空气形成对流。

砌体内的组砌应符合下列规定：砌体内、外砖（包括砂浆）厚度相同时，每皮砖均应有内、外搭接措施。砌体内、外砖（包括砂浆）厚度不同时，平均每 3 皮砖应找平一次并应有内外搭接措施。外皮砖遇丁砖时，应使用整砖。与其相搭接的里皮砖的长度应大于半砖。砌体的填馅砖应密实、平整，逐层进行，不得用纯灰浆填充，也不得采用只放砖不铺灰或先放砖后灌浆的操作方法。填馅砖的水平灰缝最大不超过 12 mm，填馅砖四周缝隙用掺灰泥填充，最大不超过 30 mm。散装博缝的囊应特别注意要自然适度，砖与砖之间不应出现死弯。柱子相挨的地方应根据实际差距砌“砖找”。砖找应与柱子交接严密。砌第一层砖之前要先检查基层是否凹凸不平，如有偏差，应以麻刀灰抹平。砌体至梁底、檩底或檐口等部位时，应使顶皮砖顶实上部，严禁外实里虚。干摆、丝缝墙的摆砌“背撒”，应于砖底两端各背一块石片；砖的顶头缝处应背“别头撒”，不得出现叠放的“落落撒”和长出砖外的“露头撒”。墙面上需要陡砌砖、石构件，应采用拉结措施。拉结件应压入背里墙或采用其他方法固定。砌体灰浆的填充以灌浆方法为主时，应分 3 次灌入。第一次和第三次应较稀。里、外皮因做法不同存在通缝的砌体，应在原有砌筑方法的基础上，在里、外皮交接部位灌浆，每 3 层至少灌一次，宜使用白灰浆。需灌浆时应尽量与砖的高度保持一致，如因砖的规格

和砌筑方法不同而不能做到每一层都保持一致时，也应在 3 ~ 5 层时与外皮砖找平一次。丝缝及淌白砌法要注重灰缝的平直、厚度一致，以及砖不得"游丁走缝"。

山墙的形式、做法及各部位的尺寸须符合以下要求：下碱高度可按檐柱高的 3/10 确定，且砖的层数应为单数；若上身有正升，抹灰做法的，正身不得小于墙高的 5/1000 ~ 7/1000，整砖露明的，正身不得小于 3/1000 ~ 5/1000；上身应比下碱厚度稍薄，"花碱"应退进；若做"五出五进"软心的外皮应比四角和下碱退进 1 ~ 1.5 cm；做完砖檐后应用麻刀灰将砖檐后口抹严，金刚墙应比博缝略低。金刚墙砌好后必须在上面抹一层麻刀灰；博缝砖之间应严丝合缝，不得出现"喇叭缝"，博缝砖砍磨合适后，稳在拔檐砖上和金刚墙旁，应用钉子钉在椽子上，再用铅丝把钉子和博缝砖上的揪子眼连接起来，熨完博缝后应灌浆并用麻刀灰把上口抹平，最后打点整齐并擦干净；如果垂脊为披水排山做法，应在博缝之上砌一层披水砖檐。披水砖在山墙侧的出檐不应小于披水砖宽的一半。

墀头俗称"腿子"，它是山墙两端檐柱以外的部分。硬山墙的墀头可分成下碱、上身和盘头三个部分，做法应符合以下规定：带挑檐石的腿子的小台阶应大一些，一般应按 4/5 柱径定。小台阶的准确尺寸应这样决定：从连檐里皮向台明引垂直线，从垂直线往里减去天井尺寸，就是墀头上身外皮，再加上花碱尺寸，就是墀头下碱外皮。墀头下碱外皮距台明外皮这段距离即为小台阶尺寸。戗檐的出檐应由戗檐砖自连檐以下的砖长和戗檐的"扑身"算出，戗檐砖自连檐以下的砖长可用博缝砖的高度减去博缝在连檐以上的部分得到。戗檐的扑身可由两层盘头的出檐得到，如果把两层盘头出檐的最远点连成一条直线，戗檐砖的外棱线应与这条直线重合。墀头梢子用挑檐石的，不做枭、混、炉口这三层砖。盘头内侧荷叶墩至枭砖这几层砖的立缝可以和腿子内侧的立缝错缝，象眼砖缝形式须为十字缝。

廊心墙无论大式或小式建筑，廊心墙的上身都不得用卧砖墙面做法。廊心墙的方砖心分位计算时，以横向能排出好活为准，竖向出现的问题可通过调整下碱的高度来解决。廊心墙下碱高度与山墙下碱相近，缝子形式应为十字缝，两端无须砍八字直槎砌即可。廊心墙墙心砌筑应每层完成后灌浆，并用铅丝或木仁拉结。槛墙厚一般不小于柱径即可，槛墙高可随槛窗。如先定槛墙高，后做槛窗，一般应按 3/10 檐柱高定高，特殊情况例外，如净房（厕所）的槛墙可加高，书房、花房或柱子较高，槛墙的高度可适当降低。槛墙的两端，无论里、外皮都应砍成八字柱门，但与山墙里皮或廊心墙下碱交接处不得留柱门。

墙体的出檐应符合下列要求：檐子的总出檐尺寸应尽量多一些，在相同的出檐尺寸情况下，层数或厚度越小越好。冰盘檐的出檐以"方出方入"为宜。头层檐的出檐应适度，应控制在 1/2 砖厚。枭砖、砖椽及抽屉檐中抽屉的出檐应明显多于其他层次。盖板出檐以少出为宜。除了抽屉椽上、下层之间不得出现通缝以外，其他檐子虽以不出现通缝为宜，但必要时允许出现通缝；后口应砌必要的“压后砖”。盖板的后口要抹大麻刀灰。砖檐不得出现下垂。用灰砌的砖檐，立缝的灰浆饱满度应达到 100%。

砖券的起栱应符合下列要求：发券用的券胎，应适当增高起栱。半圆券（包括半圆形式的车棚券、圆光券等）起栱高度为跨度的 5%，木梳背券的起栱高度为跨度的 4%，平券起栱为跨度的 1%。券砖应为单数。如为细作砖券，不应留有“雀台”。平券的高度不小于跨度的 25%。灰砌糙砖者，灰缝应上宽下窄。计算块数时，灰缝厚度应按下口宽度计算。砖与灰浆的接触面应达到 100%。应注意不得采用先打灰条，然后灌浆的方法。

2.2 砖作工程工程量清单编制

2.2.1 砌砖墙计量

砌砖墙包括细砖墙、糙砖墙、空斗墙、砖围墙等，下面分别介绍它们的计量方法。

（1）细砖墙的计量为：

项目编码：020101001。

计量单位：m^2。

项目特征：1）砖品种、规格；2）墙体种类；3）灰缝形制；4）灰浆种类及配合比。

工程量计算规则：按设计图示尺寸以露明面积计算。

（2）糙砖墙的计量为：

项目编码：020101002。

计量单位：m^3。

项目特征：1）砖品种、规格；2）砌筑做法；3）灰缝形制；4）灰浆种类及配合比。

工程量计算规则：按设计图示尺寸以体积计算，扣除门窗洞口及过人洞、空圈、嵌入墙身的钢筋混凝土梁、圈梁及嵌入细砖墙所占体积，不扣除柱门单个面积小于或等于 0.3 m^2 的孔洞、梁头、桁所占体积。

（3）空斗墙的计量为：

项目编码：020101003。

计量单位：m^3。

项目特征：1）砖品种、规格；2）砌筑方式；3）填料品种；4）灰缝形制；5）灰浆种类及配合比。

工程量计算规则：按设计图示尺寸以空斗墙外形体积计算，墙角、内外墙交接处、门窗洞口立边、窗台砖、屋檐处的实砌部分体积并入空斗墙体积内。

（4）砖围墙的计量为：

项目编码：020101004。

计量单位：m^3。

项目特征：1）砖品种、规格；2）组砌方式；3）灰缝形制；4）灰浆种类及配合比。

工程量计算规则：按设计图示尺寸以体积计算，不扣除透花体积。

（5）其他砌体的计量为：

项目编码：020101005。

计量单位：m^3。

项目特征：1）砖品种、规格；2）砌筑方式；3）灰缝形制；4）灰浆种类及配合比。

工程量计算规则：按设计图示尺寸以体积计算，不扣除空腹所占体积。

【例2-1】 某仿古建筑工程檐柱直径 ϕ 为300 mm，中间为过人通道，平面图及剖面图如图2-20所示，图示轴线均为柱子中心线。柱间墙体做法为带刀缝糙砖墙砌筑，砂浆灰缝形制为平缝，墙体砌筑高度自 ±（0.000～2.900）m，砖品种为200 mm×115 mm×53 mm四丁砖，砌筑砂浆为M7.5混合砂浆，砖墙内构造柱、圈梁及过梁等混凝土构件体积合计为2.18 m^3，试计算图示糙砖墙工程量及编制其工程量清单。

解： 糙砖墙以 m^3 计量，计算规则为按设计图示尺寸以体积计算，扣除门窗洞口及过人洞、空圈、嵌入墙身的钢筋混凝土梁、圈梁及嵌入细砖墙所占体积，不扣除柱门单个面积小于或等于0.3 m^2 的孔洞、梁头、桁、所占体积。

门窗洞口所占面积：$S=1.5\times2.4\times2+1.2\times1.5\times8=21.60$（$m^2$）

糙砖墙工程量：$V=(4.2+2.9+4.2+2.9+0.9-0.3\times3)\times0.2\times2.9\times2-21.6\times0.2-2.18=9.97$（$m^3$）

糙砖墙的工程量清单见表2-3。

表2-3 糙砖墙的工程量清单

序号	项目编码	项目名称	项目特征	计量单位	工程量
1	020101002001	糙砖墙	（1）砖品种、规格：200 mm×115 mm×53 mm四丁砖； （2）砌筑做法：带刀缝； （3）灰缝形制：平缝； （4）灰浆种类及配合比：砌筑砂浆为M7.5混合砂浆	m^3	9.97

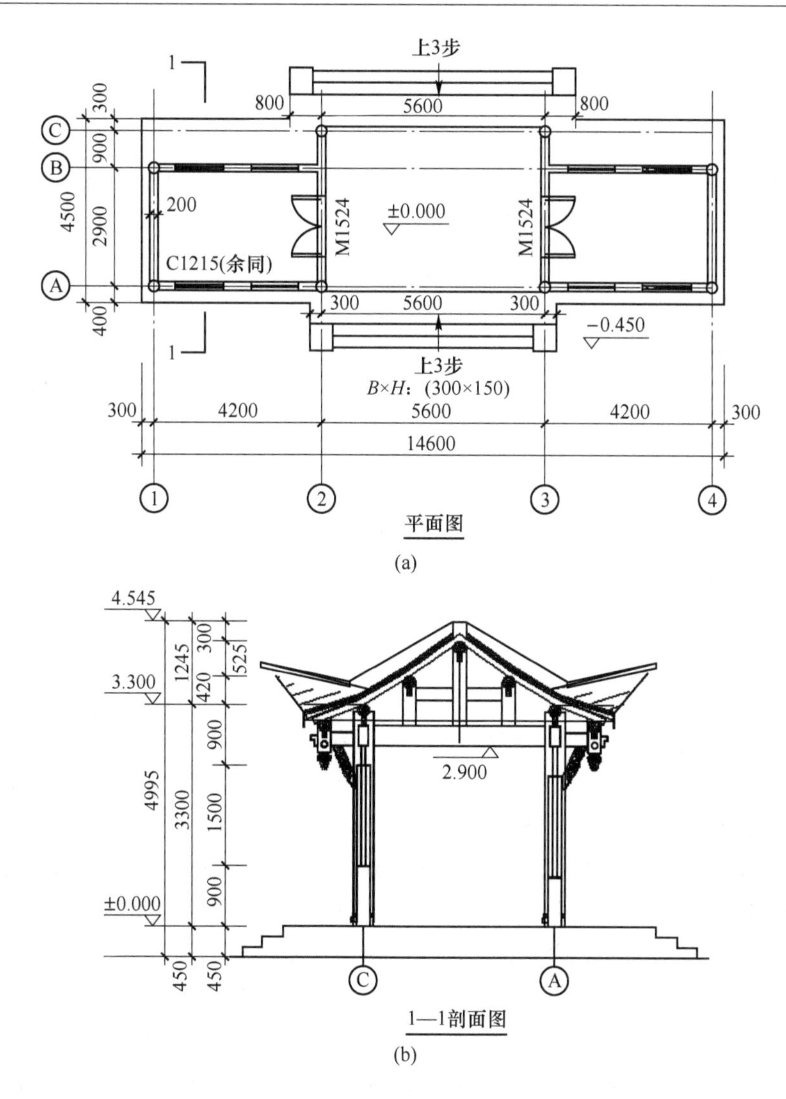

图2-20　糙砖墙的平面图（a）及1—1剖面图（b）

2.2.2　贴砖计量

贴砖包括贴陡板、贴墙面、贴角景墙面等，下面分别介绍它们的计量方法。

（1）贴陡板的计量为：

项目编码：020102001。

计量单位：m^2。

项目特征：1）砖品种、规格；2）贴砌方式；3）灰浆种类及配合比。

工程量计算规则：按设计图示尺寸以面积计算，扣除门窗洞口和空圈所占面积。

（2）贴墙面的计量为：

项目编码：020102002。

计量单位：m^2。

项目特征：1）砖品种、规格；2）贴砌方式；3）灰浆种类及配合比。

工程量计算规则：按设计图示尺寸以面积计算，扣除门窗洞口和空圈所占面积，不扣除柱门及单个面积小于或等于0.3 m^2 的孔洞面积。

（3）贴角景墙面的计量为：

项目编码：020102003。

计量单位：m^2。

项目特征：1）砖品种、规格；2）角景类型；3）贴砌方式；4）灰浆种类及配合比。

工程量计算规则：按设计图示尺寸以面积计算，扣除门窗洞口和空圈所占面积，不扣除柱门及单个面积小于或等于0.3 m^2 的孔洞面积。

（4）其他砖贴面的计量为：

项目编码：020102004。

计量单位：m^2。

项目特征：1）砖品种、规格；2）贴砌方式；3）灰浆种类及配合比。

工程量计算规则：按设计图示尺寸以面积计算，扣除门窗洞口和空圈所占面积，不扣除柱门及单个面积小于或等于0.3 m^2 的孔洞面积。

【例2-2】 某仿古建筑墙面贴砖斜角景墙面（40 cm×40 cm）如图2-21所示，墙长5.70 m，全高3.55 m，矩形墙景的四角为尺寸600 mm×450 mm三角形砖雕，中部为1200 mm×1200 mm砖雕，贴斜角景砖料为43 cm×43 cm×4.5 cm方砖，砂浆采用M10干混抹灰砂浆，试计算该面墙体贴斜角景的工程量及编制工程量清单。

解： 贴角景墙面以 m^2 计量，计算规则为按设计图示尺寸以面积计算，扣除门窗洞口和空圈所占面积，不扣除柱门及单个面积小于或等于0.3 m^2 的孔洞面积。

贴斜角景墙面工程量：$S=5.1\times2.3-0.6\times0.45/2\times4-1.2\times1.2=9.75$（$m^2$）

贴斜角景墙面的工程量清单见表2-4。

表2-4　贴斜角景墙面的工程量清单

序号	项目编码	项目名称	项 目 特 征	计量单位	工程量
1	020102003001	贴斜角景墙面	（1）砖品种、规格：43 cm×43 cm×4.5 cm方砖； （2）角景类型：斜角景； （3）灰浆种类及配合比：M10干混抹灰砂浆	m^2	9.75

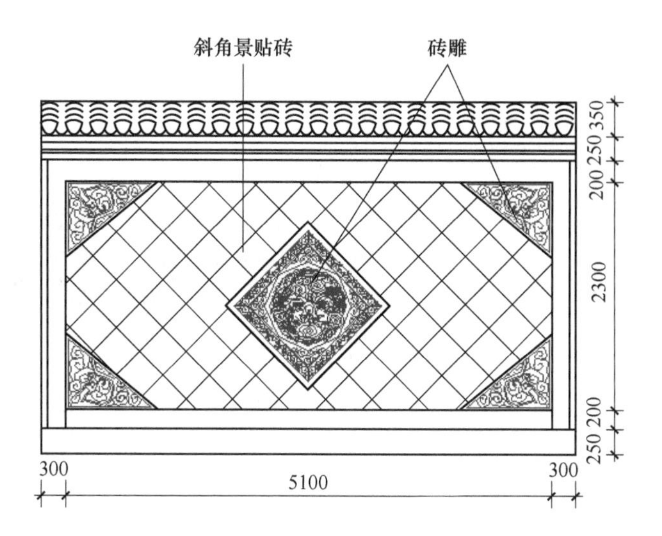

图 2-21 贴斜角景墙面的立面图

2.2.3 砖檐计量

砖檐包括细砖砖檐、糙砖砖檐，下面分别介绍它们的计量方法。

（1）细砖砖檐的计量为：

项目编码：020103001。

计量单位：m。

项目特征：1）砖品种、规格；2）砖檐种类、层数；3）砌筑方式；4）灰缝形制；5）灰浆种类及配合比。

工程量计算规则：按设计图示尺寸以盖板外皮长度计算。

（2）糙砖砖檐的计量为：

项目编码：020103002。

计量单位：m。

项目特征：1）砖品种、规格；2）砖檐种类、层数；3）砌筑方式；4）灰缝形制；5）灰浆种类及配合比。

工程量计算规则：按设计图示尺寸以盖板外皮长度计算。

【例 2-3】 某仿古建筑墙体檐口为四层糙砖菱角檐，如图 2-22 所示，砖檐高 250 mm，砖檐用砖料为标准砖，砂浆采用 M10 干混砌筑砂浆，砌筑方式为三顺一菱角，试计算图 2-22 所示墙体砖檐的工程量及编制工程量清单。

解： 糙砖砖檐以 m 计量，计算规则为按设计图示尺寸以盖板外皮长度计算。

糙砖菱角檐工程量：$L = 5.1 + 0.3 + 0.3 = 5.7$（m）

糙砖菱角檐的工程量清单见表 2-5。

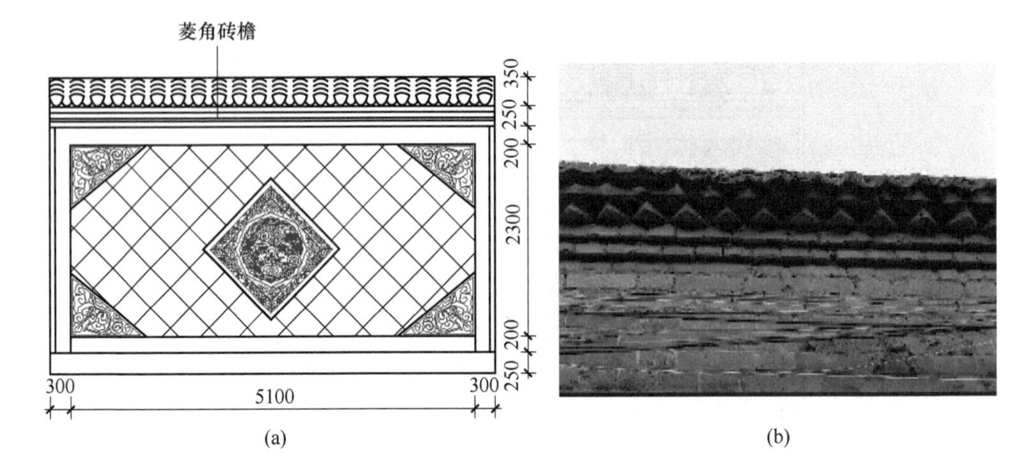

图 2-22　砖檐的立面图（a）及实物图（b）

表 2-5　糙砖菱角檐的工程量清单

序号	项目编码	项目名称	项 目 特 征	计量单位	工程量
1	020103002001	糙砖菱角檐	（1）砖品种、规格：240 mm × 115 mm × 53 mm 标准砖； （2）砖檐种类、层数：四层糙砖菱角檐； （3）砌筑方式：三顺一菱角； （4）灰缝形制：平缝； （5）灰浆种类及配合比：M10 干混砌筑砂浆	m	5.7

2.2.4　墙帽计量

墙帽包括细砖墙帽和糙砖墙帽，下面分别介绍它们的计量方法。

（1）细砖墙帽的计量为：

项目编码：020104001。

计量单位：m。

项目特征：1）砖品种、规格；2）墙帽种类；3）出檐形式；4）砌筑方式；5）灰缝形制；6）灰浆种类及配合比。

工程量计算规则：按设计图示尺寸以墙帽中心线长度计算。

（2）糙砖墙帽的计量为：

项目编码：020104002。

计量单位：m。

项目特征：1）砖品种、规格；2）墙帽种类；3）出檐形式；4）砌筑方式；

5）灰缝形制；6）灰浆种类及配合比。

工程量计算规则：按设计图示尺寸以墙帽中心线长度计算。

【例2-4】　某仿古园林围墙部分立面图及墙帽示意图如图2-23所示，图示柱尺寸为240 mm×240 mm，墙帽为糙砖蓑衣顶墙帽，墙帽砖料为标准砖，砂浆采用M10干混砌筑砂浆，砌筑方式为一顺一丁，试计算该围墙墙帽的工程量及编制工程量清单。

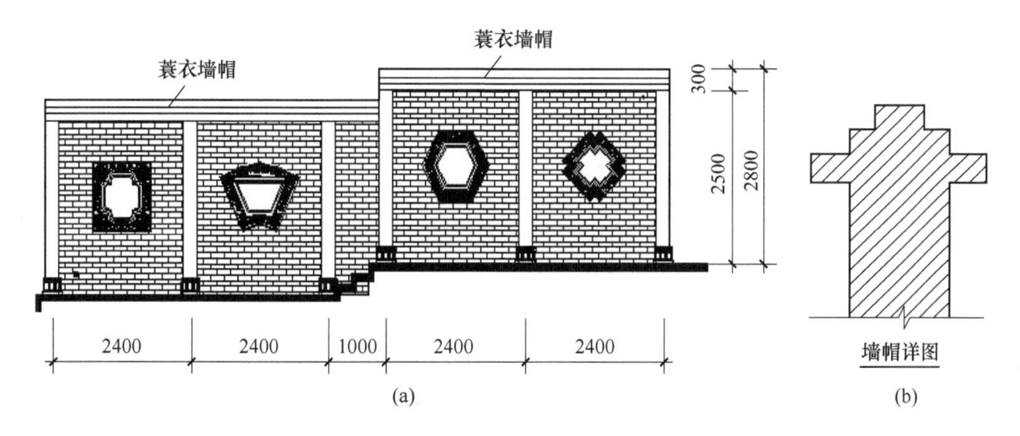

图2-23　蓑衣墙帽的立面图（a）及墙帽示意图（b）

解： 糙砖墙帽以m计量，计算规则为按设计图示尺寸以墙帽中心线长度计算。

糙砖蓑衣顶墙帽工程量：$L=0.24/2+2.4+2.4+1.0-0.24/2+2.4+2.4+0.24=10.84$（m）

蓑衣墙帽的工程量清单见表2-6。

表2-6　蓑衣墙帽的工程量清单

序号	项目编码	项目名称	项 目 特 征	计量单位	工程量
1	020104002001	蓑衣墙帽	（1）砖品种、规格：240 mm×115 mm×53 mm标准砖； （2）墙帽种类：三层蓑衣顶； （3）出檐形式：双面出檐； （4）砌筑方式：一顺一丁； （5）灰缝形制：平缝； （6）灰浆种类及配合比：M10干混砌筑砂浆	m	10.84

2.2.5　砖券（栱）、月洞、地穴及门窗套计量

下面介绍砖券（栱）、月洞、地穴及门窗套的计量方法。

（1）砖券（栱）的计量为：

项目编码：020105001。

计量单位：m^3。

项目特征：1）砖品种、规格；2）砌筑方式；3）砖券（脸）类型；4）券胎模种类；5）灰缝形制；6）灰浆种类及配合比。

工程量计算规则：按设计图示尺寸以体积计算。

（2）砖券脸的计量为：

项目编码：020105002。

计量单位：m^3。

项目特征：1）砖品种、规格；2）砌筑方式；3）砖券（脸）类型；4）券胎模种类；5）灰缝形制；6）灰浆种类及配合比。

工程量计算规则：按设计图示尺寸以体积计算。

（3）月洞、地穴、门景的计量为：

项目编码：020105003。

计量单位：m。

项目特征：1）砖品种、规格；2）构件形式；3）构件规格尺寸；4）线脚形式；5）线口类型；6）灰缝形制；7）灰浆种类及配合比。

工程量计算规则：按设计图示尺寸以外围周长计算。

（4）门窗樘套的计量为：

项目编码：020105004。

计量单位：m。

项目特征：1）砖品种、规格；2）构件形式；3）构件规格尺寸；4）线脚形式；5）线口类型；6）灰缝形制；7）灰浆种类及配合比。

工程量计算规则：按设计图示尺寸以外围周长计算。

（5）镶边的计量为：

项目编码：020105005。

计量单位：m。

项目特征：1）砖品种、规格；2）线脚宽度、线脚形式；3）灰缝形制；4）灰浆种类及配合比。

工程量计算规则：按设计图示尺寸以外围周长计算。

（6）什样锦门窗套的计量为：

项目编码：020105006。

计量单位：m。

项目特征：1）砖品种、规格；2）洞口形状；3）组砌部位；4）灰缝形制；5）灰浆种类及配合比。

工程量计算规则：按设计图示尺寸以中心线长度计算。

备注：

（1）砖券（栱）砌筑方式包括细砌砖券、糙砌砖券。

（2）砖券脸类型包括木梳背券、平券、圆光券、异型券、车棚券。其中，木梳背券、平券、圆光券、异型券按“砖券脸”项目编码列项，车棚券（又称枕头券或穿堂券）按“砖券（栱）”项目编码列项。

（3）门窗樘套包括侧板、顶板，构件、线脚形式包括直线和曲线。

（4）什样锦门窗套洞口形状包括五方、六方、八方、圆形、寿桃、扇面、蝠、宝瓶、双环、叠落方胜（双菱形）石榴、海棠花等。

（5）什样锦门窗套组砌部位包括贴脸、侧壁贴砌。

【例 2-5】 某仿古园林围墙墙厚为 240 mm，其上设置月洞和什样锦窗（瓦花景窗）洞口，图示 *AB* 段（或 *CD* 段）弧长为 2.20 m，*BC* 段弧长为 2.46 m，*EF* 线段长为 1.20 m，*FG* 线段长为 0.60 m，*EJ* 线段长为 1.20 m，*JH* 线段长为 0.60 m，如图 2-24 所示，月洞和什样锦窗洞口砖套宽度为 300 mm，砖料为标准砖，砂浆采用 M10 干混砌筑砂浆，均采用丁砖侧壁贴砌，试分别计算该围墙上月洞砖套和什样锦窗（瓦花景窗）洞口砖套的工程量及编制工程量清单。

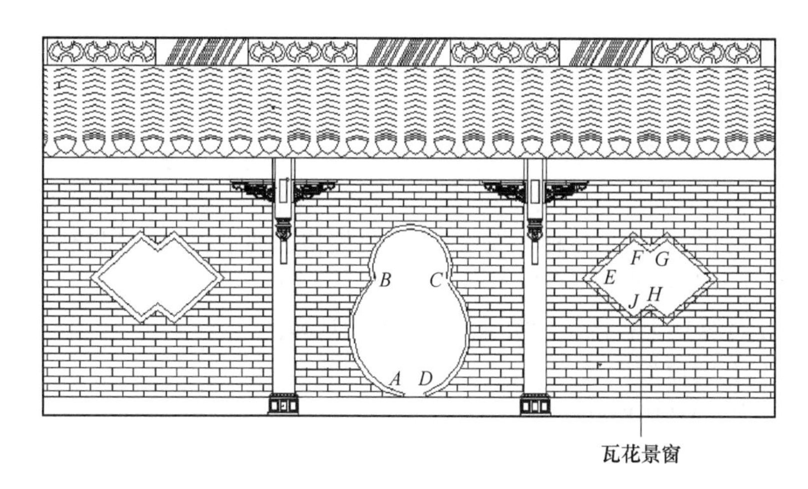

图 2-24 月洞与瓦花景窗的立面图

解：月洞、地穴、门景以 m 计量，计算规则为按设计图示尺寸以外围周长计算。

月洞砖套工程量：$L = 2.2 \times 2 + 2.46 = 6.86$（m）

什样锦门窗套以 m 计量，按设计图示尺寸以中心线长度计算。

瓦花景窗砖套工程量：$L = (1.2 + 0.6 + 1.2 + 0.6) \times 2 \times 2 = 14.40$（m）

月洞砖套和什样锦窗洞口砖套的工程量清单见表 2-7。

表 2-7　月洞砖套和什样锦窗洞口砖套的工程量清单

序号	项目编码	项目名称	项 目 特 征	计量单位	工程量
1	020105003001	月洞砖套	（1）砖品种、规格：240 mm × 115 mm × 53 mm 标准砖； （2）构件形式：葫芦形； （3）组砌部位：一顺一丁侧壁贴砌； （4）线脚形式：曲线； （5）灰缝形制：平缝； （6）灰浆种类及配合比：M10 干混砌筑砂浆	m	6.86
2	020105006001	什样锦窗洞口砖套	（1）砖品种、规格：240 mm × 115 mm × 53 mm 标准砖； （2）洞口形状：瓦花形； （3）组砌部位：一顺一丁侧壁贴砌； （4）灰缝形制：平缝； （5）灰浆种类及配合比：M10 干混砌筑砂浆	m	14.40

2.2.6　漏窗计量

漏窗有砖细漏窗和砖瓦漏窗，下面介绍它们的计量方法。

（1）砖细漏窗的计量为：

项目编码：020106001。

计量单位：m^2。

项目特征：1）砖瓦品种、规格；2）窗规格、类型；3）窗芯形式；4）边框形式；5）灰浆种类及配合比。

工程量计算规则：按设计图示尺寸以面积计算。

（2）砖瓦漏窗的计量为：

项目编码：020106002。

计量单位：m^2。

项目特征：1）砖瓦品种、规格；2）窗规格、类型；3）窗芯形式；4）边框形式；5）灰浆种类及配合比。

工程量计算规则：按设计图示尺寸以面积计算。

【例 2-6】　某仿古园林围墙墙厚为 240 mm，其上设置 1500 mm × 1000 mm 砖瓦漏窗，窗芯为全瓦式，漏窗 *CD* 线段长为 1.20 m，*DE* 线段长为 0.60 m，*AC* 线段长为 1.20 m，*AB* 线段长为 0.60 m，如图 2-25 所示，漏窗洞口边框砖套宽度为 300 mm，砖料为标准砖，砂浆采用 M10 干混砌筑砂浆，采用丁砖侧壁贴砌，试计算该围墙砖瓦漏窗的工程量及编制工程量清单。

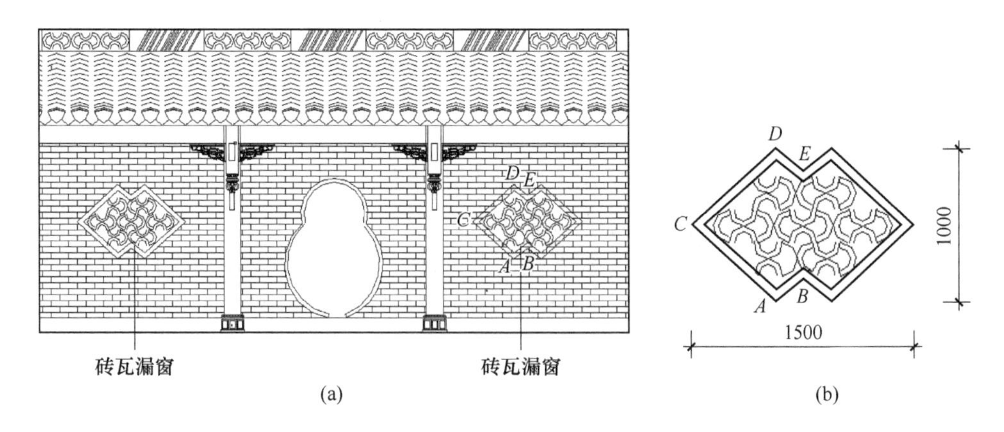

图 2-25 砖瓦漏窗的立面图（a）及详图（b）

解：砖瓦漏窗以 m^2 计量，计算规则为按设计图示尺寸以面积计算。

砖瓦漏窗工程量：$S=[1.2\times1.2\times2-(1.2-0.6)\times(1.2-0.6)]\times2=5.04$（$m^2$）

砖瓦漏窗的工程量清单见表 2-8。

表 2-8 砖瓦漏窗的工程量清单

序号	项目编码	项目名称	项 目 特 征	计量单位	工程量
1	020106002001	砖瓦漏窗	（1）砖瓦品种、规格：240 mm × 115 mm × 53 mm 标准砖，小青瓦； （2）窗规格、类型：1500 mm × 1000 mm 重叠双矩形； （3）窗芯形式：全瓦式； （4）边框形式：丁砖侧壁贴砌； （5）灰浆种类及配合比：M10 干混砌筑砂浆	m^2	5.04

2.2.7 须弥座计量

须弥座包括细砌须弥座和糙砌须弥座两种，下面介绍它们的计量方法。

（1）细砌须弥座的计量为：

项目编码：020107001。

计量单位：m。

项目特征：1）砖品种、规格；2）砌筑方式；3）线脚截面尺寸；4）灰缝形制；5）灰浆种类及配合比。

工程量计算规则：按设计图示尺寸以上枋外皮长度计算。

（2）糙砌须弥座的计量为：

项目编码：020107002。

计量单位：m。

项目特征：1）砖品种、规格；2）砌筑方式；3）线脚截面尺寸；4）灰缝形制；5）灰浆种类及配合比。

工程量计算规则：按设计图示尺寸以上枋外皮长度计算。

【例2-7】 某影壁基座为砖细砌须弥座，影壁墙厚为240 mm，影壁立面图及砖砌须弥座如图2-26所示，须弥座座高为1200 mm，线脚为直线与曲线结合，砖料为标准砖，砂浆采用M10干混砌筑砂浆，采用全丁砖砌筑，灰缝形制为平缝，试计算该影壁砖砌须弥座的工程量及编制工程量清单。

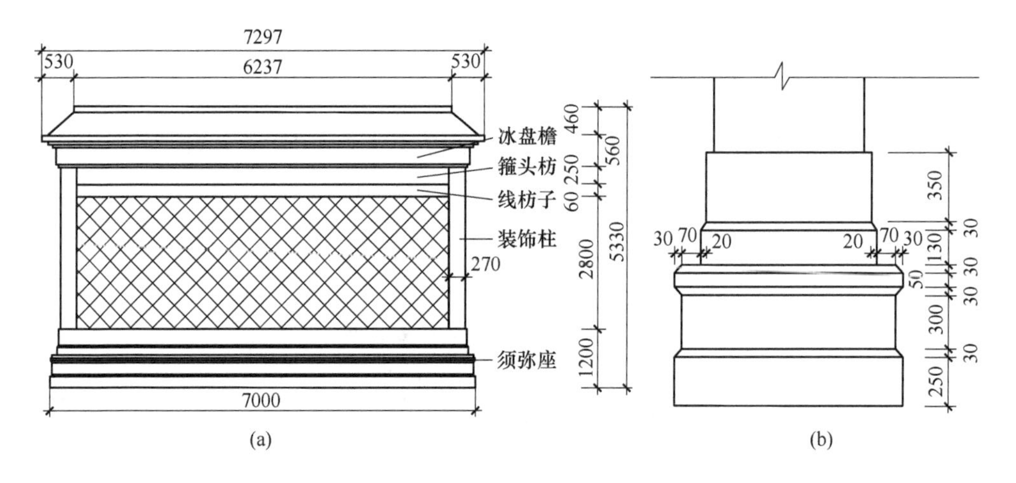

图2-26　砖砌须弥座的立面图（a）及详图（b）

解：细砌须弥座以m计量，计算规则为按设计图示尺寸以上枋外皮长度计算。

须弥座工程量：$L=7.00$（m）

细砌须弥座的工程量清单见表2-9。

表2-9　细砌须弥座的工程量清单

序号	项目编码	项目名称	项 目 特 征	计量单位	工程量
1	020107001001	细砌须弥座	（1）砖品种、规格：240 mm×115 mm×53 mm标准砖； （2）砌筑方式：全丁砖砌筑； （3）线脚截面尺寸：见图2-26(b)； （4）灰缝形制：平缝； （5）灰浆种类及配合比：M10干混砌筑砂浆	m	7.00

2.2.8 影壁、看面墙、廊心墙计量

下面介绍影壁、看面墙、廊心墙的计量方法。

（1）方砖（墙）心的计量为：

项目编码：020108001。

计量单位：m^2。

项目特征：1）砖品种、规格；2）贴砌方式；3）花饰要求；4）灰浆种类及配合比。

工程量计算规则：按设计图示尺寸以面积计算。

（2）看面墙柱子、箍头枋子的计量为：

项目编码：020108002。

计量单位：m。

项目特征：1）砖品种、规格；2）贴砌方式；3）构件截面尺寸；4）灰浆种类及配合比。

工程量计算规则：按设计图示尺寸以长度计算。

（3）上、下槛，上槛又名额、照面枋，下槛又名地木伏、地脚枋，其计量为：

项目编码：020108003。

计量单位：m。

项目特征：1）砖品种、规格；2）贴砌方式；3）构件截面尺寸；4）灰浆种类及配合比。

工程量计算规则：按设计图示尺寸以长度计算。

（4）立八字的计量为：

项目编码：020108004。

计量单位：m。

项目特征：1）砖品种、规格；2）贴砌方式；3）构件截面尺寸；4）灰浆种类及配合比。

工程量计算规则：按设计图示尺寸以长度计算。

（5）线枋子的计量为：

项目编码：020108005。

计量单位：m。

项目特征：1）砖品种、规格；2）贴砌方式；3）构件截面尺寸；4）灰浆种类及配合比。

工程量计算规则：按设计图示尺寸以长度计算。

（6）马蹄磉的计量为：

项目编码：020108006。

计量单位：对。

项目特征：1）砖品种、规格；2）贴砌方式；3）构件截面尺寸；4）灰浆种类及配合比。

工程量计算规则：按设计图示以数量计算。

（7）三岔头的计量为：

项目编码：020108007。

计量单位：对。

项目特征：1）砖品种、规格；2）贴砌方式；3）构件截面尺寸；4）灰浆种类及配合比。

工程量计算规则：按设计图示以数量计算。

（8）耳子的计量为：

项目编码：020108008。

计量单位：对。

项目特征：1）砖品种、规格；2）贴砌方式；3）构件截面尺寸；4）灰浆种类及配合比。

工程量计算规则：按设计图示以数量计算。

（9）插档的计量为：

项目编码：020108009。

计量单位：份。

项目特征：1）砖品种、规格；2）贴砌方式；3）构件截面尺寸；4）灰浆种类及配合比。

工程量计算规则：按设计图示以数量计算。

（10）小脊子的计量为：

项目编码：020108010。

计量单位：份。

项目特征：1）砖品种、规格；2）贴砌方式；3）构件截面尺寸；4）灰浆种类及配合比。

工程量计算规则：按设计图示以数量计算。

（11）壁（墙）其他小件的计量为：

项目编码：020108011。

计量单位：个。

项目特征：1）砖品种、规格；2）贴砌方式；3）构件截面尺寸；4）灰浆种类及配合比。

工程量计算规则：按设计图示以数量计算。

【例2-8】 某影壁基座为砖细砌须弥座，影壁墙厚为240 mm，影壁立面图及砖砌须弥座如图2-26所示，影壁墙心砖料为48 cm×48 cm×4.5 cm方砖，采用M10干混抹灰砂浆镶贴成斜角景饰面。影壁墙心两侧装饰柱子截面尺寸为270 mm×300 mm，箍头枋截面尺寸为250 mm×120 mm，线枋子截面尺寸为60 mm×60 mm，砖料为标准砖，采用M10干混砌筑砂浆靠墙贴砌，试分别计算该影壁墙心、装饰柱、箍头枋、线枋子的工程量及编制工程量清单。

解：方砖（墙）心以m^2计量，计算规则为按设计图示尺寸以面积计算。

影壁墙心工程量：$S=[7.00-(0.02+0.07+0.03+0.27)\times 2]\times 2.8=17.42$（$m^2$）

看面墙柱子、箍头枋子以m计量，计算规则为按设计图示尺寸以长度计算。

两侧装饰柱工程量：$L=2\times 2.8=5.60$（m）

箍头枋工程量：$L=7.00-(0.02-0.07-0.03-0.27)\times 2=7.70$（m）

线枋子以m计量，计算规则为按设计图示尺寸以长度计算。

线枋子工程量：$L=7.00-(0.02-0.07-0.03-0.27)\times 2=7.70$（m）

影壁墙心、装饰柱、箍头枋、线枋子的工程量清单见表2-10。

表2-10 影壁墙心、装饰柱、箍头枋、线枋子的工程量清单

序号	项目编码	项目名称	项 目 特 征	计量单位	工程量
1	020108001001	影壁墙心	（1）砖品种、规格：48 cm×48 cm×4.5 cm方砖； （2）贴砌方式：靠墙镶贴； （3）花饰要求：斜角景饰面； （4）灰浆种类及配合比：M10干混抹灰砂浆	m^2	17.42
2	020108002001	装饰柱	（1）砖品种、规格：标准砖； （2）贴砌方式：靠墙镶贴； （3）构件截面尺寸：270 mm×300 mm； （4）灰浆种类及配合比：M10干混砌筑砂浆	m	5.60
3	020108002002	箍头枋	（1）砖品种、规格：标准砖； （2）贴砌方式：靠墙镶贴； （3）构件截面尺寸：250 mm×120 mm； （4）灰浆种类及配合比：M10干混砌筑砂浆	m	7.70
4	020108005001	线枋子	（1）砖品种、规格：标准砖； （2）贴砌方式：靠墙镶贴； （3）构件截面尺寸：250 mm×60 mm； （4）灰浆种类及配合比：M10干混砌筑砂浆	m	7.70

2.2.9　坐槛面、槛栏杆计量

下面介绍坐槛面、槛栏杆的计量方法。

（1）砖细半墙坐槛面的计量为：

项目编码：020109001。

计量单位：m。

项目特征：1）砖品种、规格；2）坐槛面规格尺寸；3）雀簧形式、线脚类型；4）灰浆种类及配合比。

工程量计算规则：按设计图示尺寸以雀簧线脚长度计算。

（2）砖细（坐槛）栏杆，栏杆又名钩阑，其计量为：

项目编码：020109002。

计量单位：m。

项目特征：1）砖品种、规格；2）砖构件规格尺寸；3）灰浆种类及配合比。

工程量计算规则：砖细坐槛面砖、拖泥、芯子砖按设计图示尺寸以长度计算，坐槛栏杆侧柱按设计图示尺寸以高度计算。

【例 2-9】　某仿古走廊美人靠栏杆平面图及详图如图 2-27 所示，美人靠栏杆坐槛面砖采用 40 mm 厚城砖侧面磨光，M10 干混砌筑砂浆铺砌而成。坐槛面下砖垫及芯子砖砖料为标准砖，砖垫外侧面滚圆，砖垫正下方采用 400 mm×400 mm×30 mm 细方砖装饰贴面，采用 M10 干混砌筑砂浆砌筑，试分别计算该砖细（坐槛）栏杆的坐槛面砖、芯子砖、两侧方砖坐槛工程量及编制工程量清单。

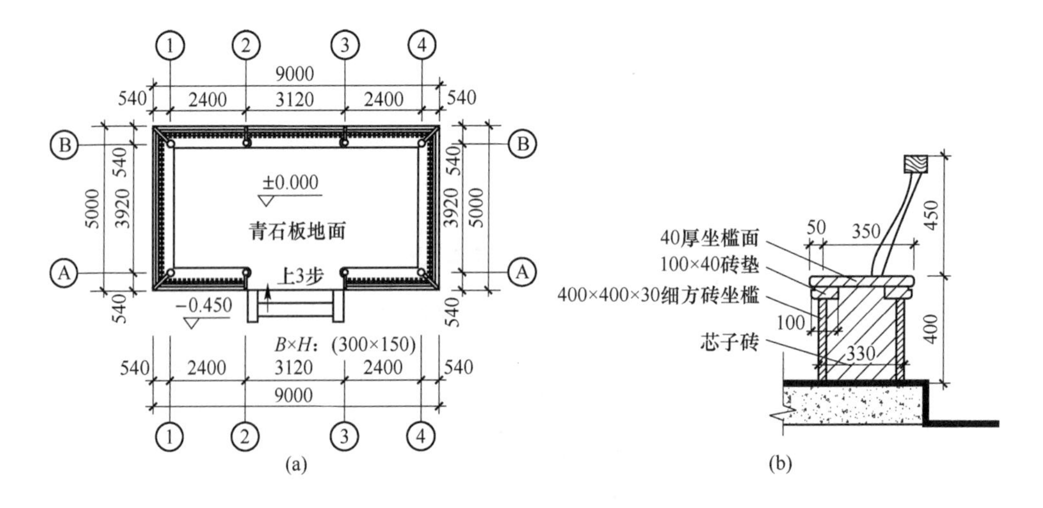

图 2-27　砖细（坐槛）栏杆的平面图（a）及详图（b）

解：砖细（坐槛）栏杆的坐槛面砖、芯子砖、两侧方砖坐槛以 m 计量，计算规则为砖细坐槛面砖、拖泥、芯子砖按设计图示尺寸以长度计算，坐槛栏杆侧柱按设计图示尺寸以高度计算。

坐槛面砖工程量：$L = 9.00 - (0.54 \times 2 + 3.12) + 5 \times 2 + 9 - 0.54 \times 2 = 22.72$（m）

芯子砖工程量：$L = 9.00 - (0.54 \times 2 + 3.12) + 5 \times 2 + 9 - 0.54 \times 2 = 22.72$（m）

两侧方砖坐槛工程量：$L = [9.00 - (0.54 \times 2 + 3.12) + 5 \times 2 + 9 - 0.54 \times 2] \times 2 = 45.44$（m）

坐槛面砖、芯子砖、两侧方砖坐槛的工程量清单见表 2-11。

表 2-11 坐槛面砖、芯子砖、两侧方砖坐槛的工程量清单

序号	项目编码	项目名称	项 目 特 征	计量单位	工程量
1	020109002001	坐槛面砖	（1）砖品种、规格：40 mm 厚城砖侧面磨光；（2）砖构件规格尺寸：断面 400 mm × 40 mm；（3）灰浆种类及配合比：M10 干混砌筑砂浆	m	22.72
2	020109002002	芯子砖	（1）砖品种、规格：标准砖；（2）砖构件规格尺寸：断面 360 mm × 270 mm；（3）灰浆种类及配合比：M10 干混砌筑砂浆	m	22.72
3	020109002003	方砖坐槛	（1）砖品种、规格：400 mm × 400 mm × 30 mm 细方砖；（2）砖构件规格尺寸：断面厚 30 mm；（3）灰浆种类及配合比：M10 干混砌筑砂浆	m	45.44

2.2.10 砖雕刻及碑镌字计量

下面介绍砖雕刻及碑镌字的计量方法。

（1）砖雕刻的计量为：

项目编码：020112001。

计量单位：m^2。

项目特征：1）雕刻类型；2）图案内容。

工程量计算规则：按设计图示尺寸以外接最大矩形面积计算。

（2）砖字碑镌字的计量为：

项目编码：020112002。

计量单位：个。

项目特征：1）字碑镌字类型；2）字规格尺寸。

工程量计算规则：按设计图示以数量计算。

【例 2-10】 某仿古建筑矩形墙景四角为尺寸 600 mm × 450 mm 三角形砖雕，雕刻类型为减地平级（平浮雕），图案内容为祥云；正中部为 1200 mm × 1200 mm 矩形斜放砖雕，雕刻类型为压地隐起（浅浮雕），图案内容为如意纹饰，如图 2-28 所示，试计算该面墙体砖雕刻的工程量及编制工程量清单。

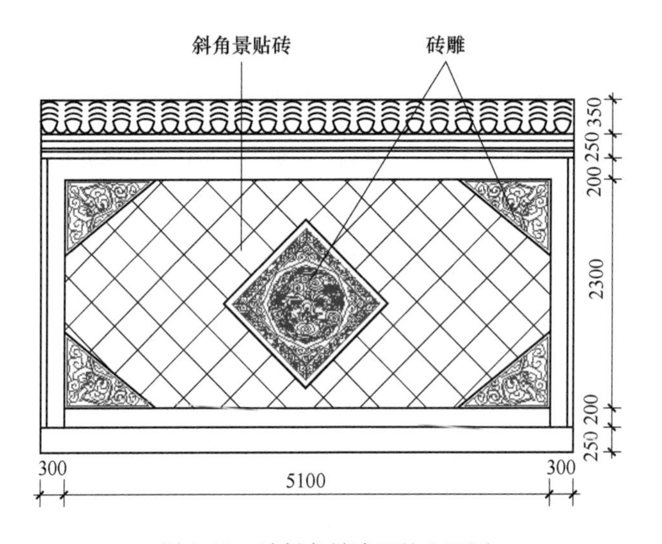

图 2-28　贴斜角景墙面的立面图

解：砖雕刻以 m^2 计量，计算规则为按设计图示尺寸以外接最大矩形面积计算。

祥云砖雕刻工程量：$S = 0.6 \times (0.45/2) \times 4 = 0.54(m^2)$

如意纹饰砖雕刻工程量：$S = 1.2 \times 1.2 = 1.44(m^2)$

砖雕刻的工程量清单见表 2-12。

表 2-12　砖雕刻的工程量清单

序号	项目编码	项目名称	项 目 特 征	计量单位	工程量
1	020112001001	祥云砖雕	（1）雕刻类型：减地平级（平浮雕）； （2）图案内容：祥云	m^2	0.54
2	020112001002	如意纹饰砖雕	（1）雕刻类型：压地隐起（浅浮雕）； （2）图案内容：如意纹饰	m^2	1.44

3 石作工程及琉璃砌筑工程

3.1 石作工程及琉璃砌筑工程概述

3.1.1 石作工程及琉璃砌筑工程主要构件

石作工程是指仿古建筑工程中通过对料石进行加工、砌筑、安装等施工工作而成的建筑物、构筑物或其中某一部分的专业，例如依据不同部位石作工程有石台基及台阶、石栏杆、石柱、石梁、石枋、墙身石活及门窗石、石屋面、栱券石、栱眉石及石斗栱等。将采石场开采出来的石料，根据不同要求进行打荒、做糙、剁斧、扁光等加工，并对施工项目进行放线砍凿、石表面加工、筑方或斜坡加工、线脚加工等施工工艺的高要求做法称为“石料加工”。本节主要介绍台基工程中阶条石、陡板石、土衬石、埋头、柱顶石、磉墩、踏跺、垂带、象眼、礓礤石、槛垫石、过门石、分心石、须弥座，石栏杆中地伏石、望柱、栏板、抱鼓石，墙身石活及门窗石中门窗券石、门窗券脸、墙帽、门枕石、门鼓石，石作配件滚墩石、夹杆石、甬路、海墁地面、牙子石、沟门、沟漏、带水槽沟盖、石沟嘴子及石雕刻及镌字等。

3.1.1.1 台基工程中石构件

台基是指各种建筑物的承台基座，在地面以上的部分称为“台明”，在地面以下的部分称为“埋头”，但有的将台明角柱石也称为埋头，一般将台基的外观部分通称为“台明”。“普通台明”是一般建筑物常使用的台座，其构造依据使用部位，分为柱下结构、柱间结构、台帮结构三大部分，在此之外的空隙部分填土夯实，然后再在其上铺砌室内地面，如图 3-1 所示。

柱脚一般不直接插入地下，而是放在一块垫脚石上进行过渡，此石称为“柱顶石”；柱顶石以下，常用石或砖砌体作为承力基座，此砌体称为“磉墩”。在我国南方地区的磉墩，是在底部铺设碎石，并夯实作为垫层，称为“领夯石”；在领夯石上再砌筑片石或砖墩，称为“叠石”；按所铺设层次多少（即磉墩之高低），分为“一领一叠石”“一领二叠石”“一领三叠石”。房屋构架以各柱为承重构件，在柱之间一般没有大的承重，只需用石或砖砌体将柱顶石下的磉墩连接起来即可，它既使磉墩连成整体增强稳定性，也为室内填土起着围栏作用，故将此砌体称为“拦土”。台帮是指台明周边的围墙，一般有两层，里层为石或砖砌

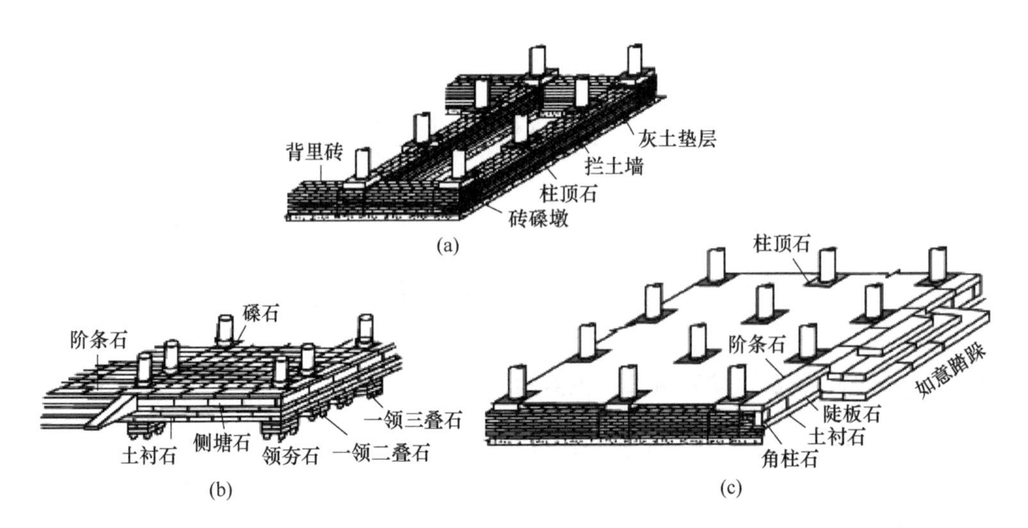

图 3-1　台基构造示意图

（a）拦土及磉墩；（b）南方台明；（c）北方台明

体，称为“背里”。外层镶贴石板，最上面为“阶条石”，其下为立砌的“陡板石”，又称“侧塘石”；在转角部位为“埋头角柱石”；再下靠地面的为“土衬石”。

（1）阶条石、陡板石、土衬石、埋头。“阶条石”又称“阶沿石”“压栏石”“压面石”等，它是台明地面的边缘石，主要起保护台面免被腐蚀破坏作用。制作加工要求达到二遍剁斧的等级。“陡板石”又称“侧塘石”，是台明侧边的护边石，一般立砌镶贴在背里砖的外皮，顶面和侧面剔凿插销孔，以便相互用插销连接，底面卡入土衬落槽内。“土衬石”是指石砌台明的底层构件，它是承托其上所有石构件（如陡板、埋头等）的衬垫石，其上凿有安装连接上面石构件的落槽口，以便增强连接的稳固性。“埋头”有的称为“角柱石”，是台明转角部位的护角石，如图 3-2 所示。

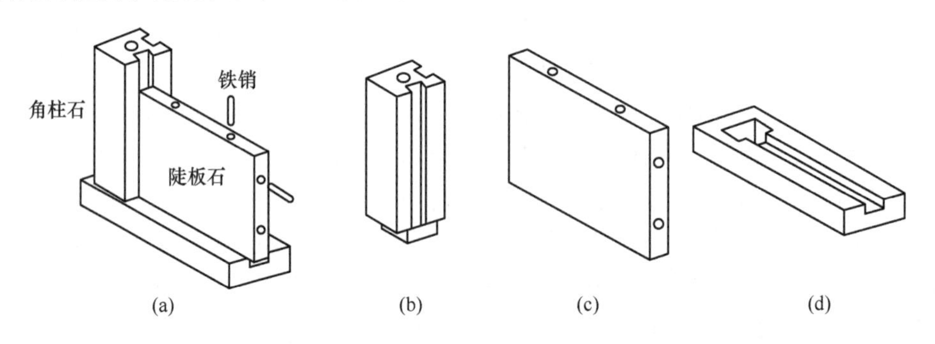

图 3-2　陡板石、土衬石、埋头示意图

（a）石砌台明；（b）角柱石；（c）陡板石；（d）土衬石

（2）柱顶石、磉墩。柱顶石又叫作柱础，是安装在台明上柱子的位置上，一部分埋于台基之中，一部分露出台明，又称“鼓镜”“鼓磴”，一般用青石、花岗石等加工而成，柱顶石顶端上有空，叫作“海眼”，与柱下端的榫相配合，使柱子得到固定；也有的柱顶石顶端上有落窝，柱子可以安放在石窝内，也相当于为柱子安了管脚榫。根据其形式不同分为：圆鼓镜、方鼓镜、平柱顶、异形顶、联办顶等，较常使用的形式如图 3-3 所示。“磉墩”是指承托柱顶石下的石或砖基础，其大小一般以包住柱顶石为原则。

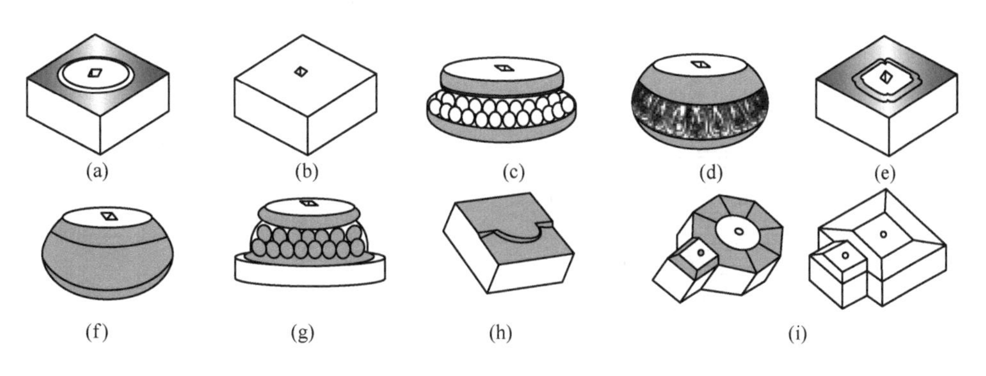

图 3-3 柱顶石示意图

（a）圆鼓镜；（b）平柱顶；（c）莲瓣柱顶；（d）叭达马鼓磴；（e）方鼓镜；（f）鼓磴；（g）覆盆式柱顶石；（h）高低柱顶；（i）联办柱顶

（3）踏跺、垂带、象眼、礓礤石。“踏跺”就是为连接台明与室外地面高差而设置的台阶，它是台明地面与室外地面的交通连接体。踏跺的构造形式有三种，即垂带踏跺、如意踏跺、御路踏跺，如图 3-4 所示。垂带踏跺是指踏跺两边有栏墙，栏墙的顶面用带状条石做成斜坡形；如意踏跺是指没有栏墙的踏跺，三面均可自由上下；御路踏跺是指将垂带踏跺拓宽，并在中间加一条斜坡路面，此路面常用龙凤雕刻装饰，故称为“御路”。

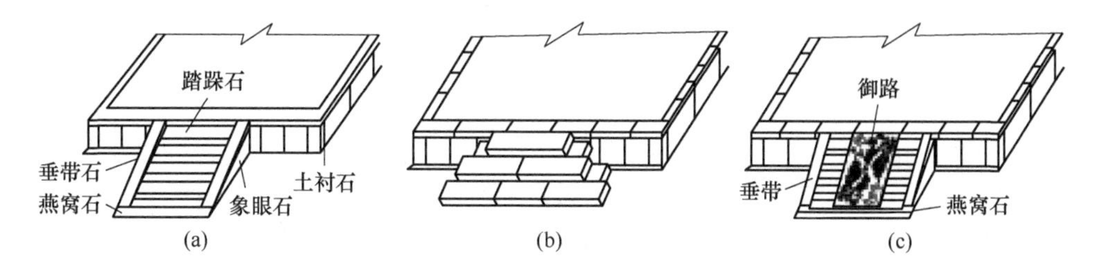

图 3-4 踏跺示意图

（a）垂带踏跺；（b）如意踏跺；（c）御路踏跺

图3-4(a)中“踏跺石”又称踏步石，宋代时称“阶石”，是指砌筑台阶踏步的阶梯石；图3-4(c)中“垂带”即现代建筑台阶两边的牵边；“象眼”一般是指三角形的垂直面，此处是指踏跺两端的三角形栏墙；“姜磋”又称“礓磋”，是传统建筑中用砖或石砌成的锯齿形斜面的升降坡道，现代建筑指带锯齿形（棱角凸起）的坡道，是供车辆行驶的防滑坡道；“燕窝石”是垂带踏跺和姜磋踏道最下面一级踏跺的铺垫石，它在垂带下端处剔凿有槽口，用以顶住垂带避免下滑，如图3-5所示。

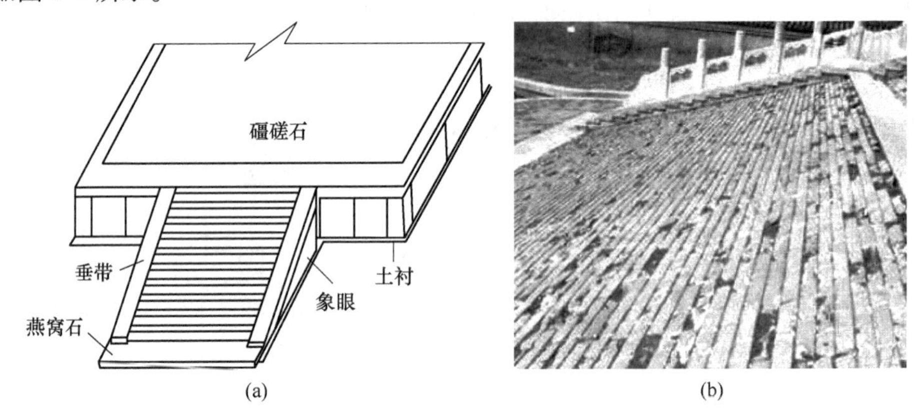

图3-5　踏跺的示意图及实物图

（a）踏跺各构件示意图；（b）礓磋石实物图

（4）槛垫石、过门石、分心石。对有些要求比较高的房屋，为免使槛框下沉和防潮，常在下槛之下铺设一道衬垫石，称此为“槛垫石”，分为“通槛垫”和“掏当槛垫”两种。通槛垫是指沿整个下槛长度方向铺设的槛垫石，即为不设过门石的通长槛垫石。掏当槛垫是指在有些房屋中，使用了过门石，处在过门石外的槛垫石，也就是指被过门石分割的间断槛垫石，如图3-6所示。对有些比较讲究的建筑，为显示其豪华富贵，专门在房屋开间正中的门槛下，布置一块顺进深方向的方正石，此称为“过门石”，一般只在开有门的正间和次间布置。分心石是更豪华的过门石，它比过门石长，设在有前廊地面的正开间中线上，从槛垫石里端穿过走廊直至阶条石，因此，在使用分心石后，不再布置过门石。

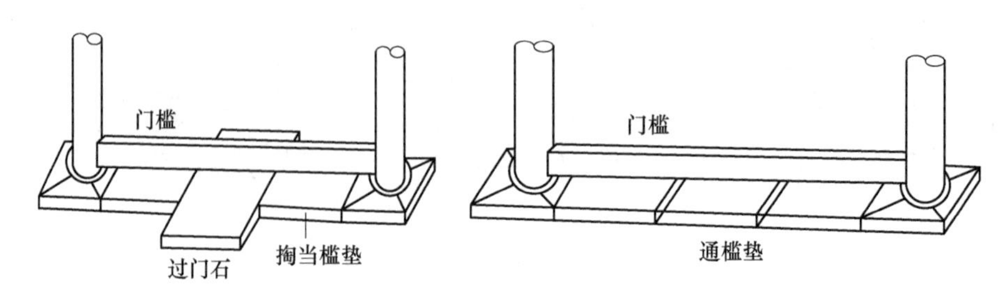

图3-6　槛垫石示意图

（5）须弥座。石须弥座是高级石台明的基座，也称为“金刚座”。随着历史的发展，须弥座由简单层叠台基发展为豪华台座，其中尤以清制须弥座最为壮观。清制须弥座的外观组成构件名称，由上而下为：上枋、上枭、束腰、下枋、下枭、圭脚等，其中上枋与下枋是须弥座的起讫构件，简称为“石枋”，一般为矩形截面，因有似梁枋作用而得名；上枭与下枭是须弥座外观面进行凸凹变化的构件，上枭、下枭因凹凸比较急速凶猛而得名；束腰是使须弥座的中腰紧束直立的构件，一般都做得比较高，当高度较大时，为了显示其气势，常在转角处设置角柱，称为“金刚柱”；圭脚是须弥座的底座，外侧面雕刻有云状花纹，正面一般为圆弧形。“螭首”又称为“龙头”“喷水兽”，用于清制豪华做法的须弥座，在上枋位置的四角角柱下安装大龙头，柱间每间隔一定距离安装小龙头，它不仅是一种装饰物，更重要的是还可作为台明雨水的排水设施，通过管口将雨水从龙嘴吐出，如图3-7所示。

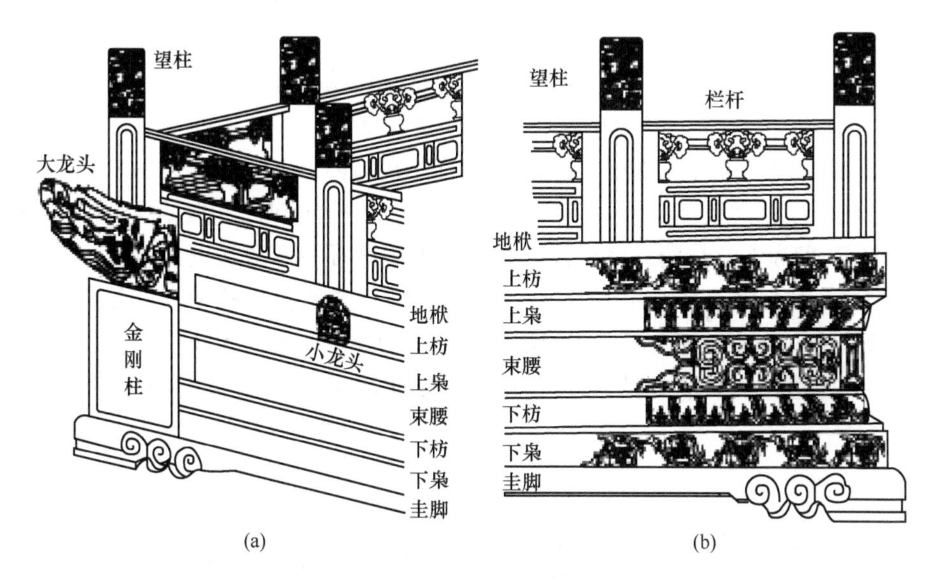

图3-7　石须弥座示意图

（a）龙头须弥座；（b）带雕塑须弥座

3.1.1.2　*石栏杆中石构件*

石栏杆是房屋台明上常使用的外围栏杆，它能经受风吹雨打，坚固耐用，故广泛用作室外栏杆。石栏杆一般用花岗石、青白石、汉白玉等石料加工而成，其基本构件有地伏石、望柱、栏板、抱鼓石等，如图3-8所示。其构件加工精度要求达到二遍剁斧等级。

图3-8中，“望柱”是石栏杆的直立支撑，一般为15～25 cm的方形截面，柱高为1.1～1.3 m。柱脚做榫，与地栿连接。柱头为石雕，占全高的1/4～1/3，

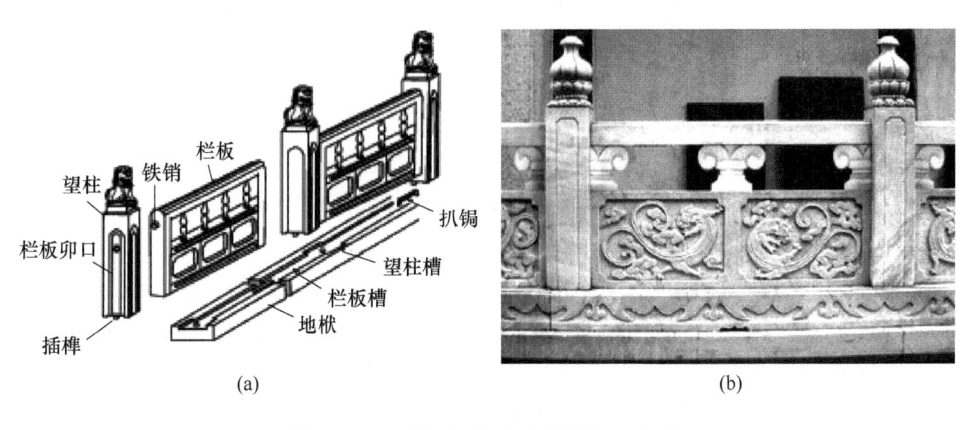

图 3-8　石栏杆的构造示意图和实物图
(a) 石栏杆构造示意图；(b) 石栏杆实物图

柱头形式有龙、凤、狮、莲瓣、幞方等。栏板是将扶手和绦环板用一块石板剔凿而成，栏板高按 50% ~60% 望柱高取定，厚按 60% ~70% 望柱厚取定。两端和底边都剔凿有槽口边，分别嵌入望柱和地栿的槽口内。在扶手部分钻凿圆洞，用铁销与柱连接。栏板形式有雕花形和罗汉形。栏杆的起点和终点采用抱鼓石，“抱鼓石”即为石栏杆的首尾栏板石，多用于桥梁石栏杆两端进出口处，因其中间雕刻成圆鼓形而得名，如图 3-9 所示。“地栿”是承接望柱和栏板的底座，剔凿有承接槽口，地栿宽度应以能剔凿望柱槽口为准，一般约为 2 倍栏板厚，或按望柱直径每边加 2 cm；地栿厚度可按栏板厚或稍作加减，地栿与地栿之间用扒锔连接。

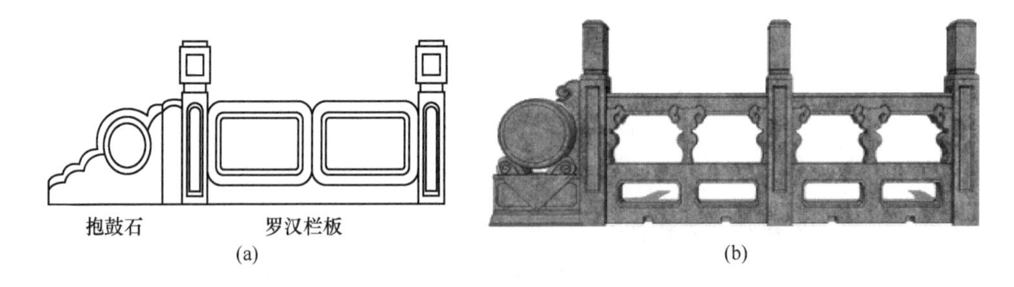

图 3-9　栏杆抱鼓石的示意图 (a) 和实物图 (b)

3.1.1.3　墙身石活及门窗石中石构件

墙身石活及门窗石中石构件包括门窗券石、门窗券脸、墙帽、门枕石、门鼓石等。

门窗券石又称“门窗碹石”，它是门窗洞顶的栱形石过梁，处在最外层的称为门窗券脸做碹脸石，里层的称为碹石。墙帽是指用石料雕琢的墙顶盖帽，一般为兀脊形，如图 3-10 所示。

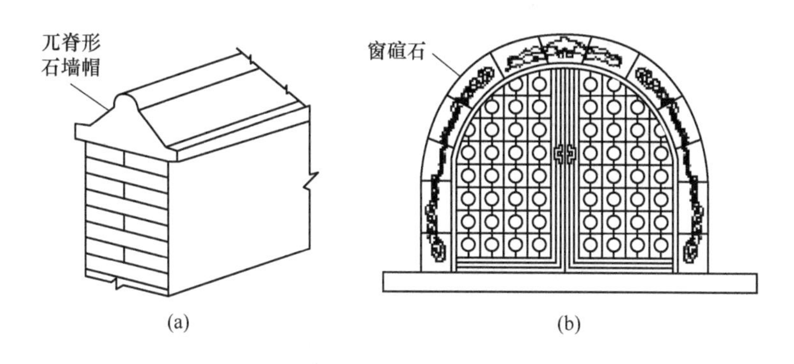

图 3-10　石墙帽（a）和窗碹（b）示意图

门枕石是指设在门槛两端承托门扇转轴的门窝石。石上凿有凹窝（称为海窝），套住门轴转动。也可以说是专为门轴设立轴窝的槛垫石，用它来代替木门枕，其规格与槛垫石相同，也可以比槛垫石稍短，制作加工要求达到二步做糙等级。门鼓石是指设在大门两边，置于门槛外侧形似鼓形的装饰石，也称为“砷石”，它既是木大门的稳固装饰件，也是安装门扇轴的轴承构件。门鼓石用青石雕凿而成，可雕凿成圆鼓形，称为“圆鼓子”，也可雕凿成矩形，称为“方鼓子”。在鼓子顶面雕凿狮子、麒麟或方头（称为幞头）等，门鼓石一般与门枕石连在一起，以门槛为界，其外为门鼓石，其内为安装门扇的门枕石，常用形式与规格，制作加工要求达到二遍剁斧的等级，如图 3-11 所示。

(a)

(b)

图 3-11　门鼓石实物图

（a）独立的门鼓石；（b）门鼓石和门枕石连为整体

3.1.1.4　石作配件

石作配件包括滚墩石、夹杆石、甬路、海墁地面、牙子石、沟门、沟漏、带水槽沟盖、石沟嘴子等。

滚礅石和夹杆石都是一种用于独立柱下的稳柱石。“滚礅石”是指独立柱式稳柱石，它雕刻成双鼓抱柱形式，因此又称它为“抱鼓石”，可用于垂花门柱式稳柱石，制作加工要求达到二遍剁斧等级。“夹杆石”又称“镶杆石”，它是木牌楼柱和旗杆的柱脚保护石，一般剔凿成两块合抱形式，将柱脚包裹起来，埋入地下一半，其制作加工要求达到二遍剁斧等级，如图 3-12 所示。

图 3-12　滚礅石实物图和夹杆石示意图

（a）滚礅石实物图；（b）夹杆石示意图

在仿古建工程中，对地面的铺设称为“墁地”；甬路原本是专指庭院和墓地中，直接通向主要建筑物的砖石道路，以后逐渐发展，将凡是用砖石材料铺砌而成的道路，通称为“甬路”。甬路根据使用的材料分为砖墁甬路和石墁甬路。在甬路之外的大面积墁地称为“海墁”，多采用砖石墁。石墁甬路一般有三种，即街心石、中心石和碎拼石。街心石是指街道中心的主要通道，是古建道路的最高级材料，能经历车马通行的长期碾压，常用 1 ~ 3 块方正石排列而成，路牙之外可为砖墁或碎石；中心石一般称为“御路”，是重要的交通行驶道路，它是用较大面积的方正石铺砌而成；碎拼石是利用边角余料镶拼而成的甬路，所有的石墁甬路都应做成“鱼脊背”形，以利顺畅排水，如图 3-13 所示。“牙子石”简称“路牙”，是指道路、甬路、海墁边缘的栏边石，用于约束和保证砖石铺筑的整齐。

“沟门”是指用于围墙底部排水洞口的拦截石，以防止动物钻入。“沟漏”是指地面排水暗沟的落水口，以防止物体堵塞沟道。“带水槽沟盖”是指带盖板的石排水沟槽，水槽即用石料剔凿成的排水凹槽，沟盖是指水槽上的盖板，盖板下面也剔凿成弧形，以利排水。“石沟嘴子”是指排水沟出水端的挑出嘴子，它悬挑墙外一段距离，免使排水滴漏在墙面上，如图 3-14 所示。

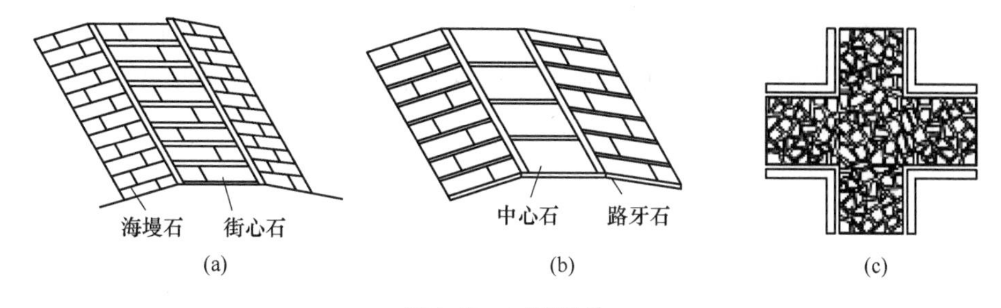

图 3-13 石墁甬路

(a) 街心石；(b) 御路石；(c) 碎拼石

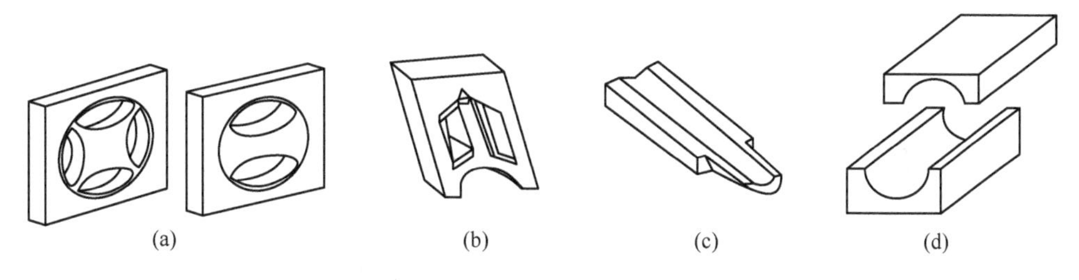

图 3-14 沟漏（a）、沟门（b）、石沟嘴子（c）、带水槽沟盖（d）示意图

3.1.1.5 石雕刻及镌字

"浮雕"是指将雕刻图案，浮起凸现在雕刻面上的一种雕刻工艺。按照浮雕加工的内容分为石浮雕和石碑镌字。石浮雕按照雕刻深浅类型不同分为素平（阴线刻）、减地平钑（平浮雕）、压地隐起（浅浮雕）、剔地起突（高浮雕）等。石浮雕的深浅规格有明确的要求，即：素平（阴线刻），刻线深度不超过 0.3 mm；减地平钑（平浮雕），浮雕凸起面不超过 60 mm；压地隐起（浅浮雕），浮雕凸起面为 60 ~ 200 mm；剔地起突（高浮雕），浮雕凸起面超过 200 mm。石碑镌字分为阴（凹）纹字、阳（凸）纹字和阴包阳等，与砖碑镌字一样，不再赘述。

琉璃砌筑工程是指传统建筑工程中采用琉璃材质的墙砖或琉璃材质的其他装饰构件，因施工工艺不同或用于不同部位而成的各类建筑物、构筑物或其中某一部分的专业，例如依据不同施工工艺有平砌琉璃砖、陡砌琉璃砖、贴砌琉璃面砖、拼砌琉璃花心、琉璃花墙等，又如依据不同部位有琉璃面砖墙帽、琉璃冰盘檐、琉璃盘头、琉璃博风等。本节主要介绍琉璃砌筑工程中琉璃墙身平砌琉璃砖、陡砌琉璃砖、贴砌琉璃面砖、拼砌琉璃花心、琉璃花墙、琉璃面砖墙帽（详见 2.1.1 小节）、琉璃冰盘檐（详见 2.1.1 小节）、琉璃盘头（详见 2.1.1 小节），琉璃博风、挂落、滴珠板，琉璃须弥座、梁枋、垫板、柱子、斗栱等配件等。

按琉璃砖砌筑方式，将琉璃砖大面放平砌筑称为平砌，将琉璃砖大面竖立砌筑称为陡砌，将琉璃砖通过胶凝材料粘贴砌筑称为贴砌，用琉璃砖拼成图案砌筑称为拼砌，用琉璃砖砌筑的一种镂空墙体称为琉璃花墙。

琉璃博缝分为悬山博缝和硬山博缝。其中，悬山博缝是将琉璃砖挂钉在木博缝板上，多采用卷棚屋顶形式；硬山博缝是将琉璃砖嵌砌在博缝墙上，多采用尖山屋顶形式，如图 3-15 所示。

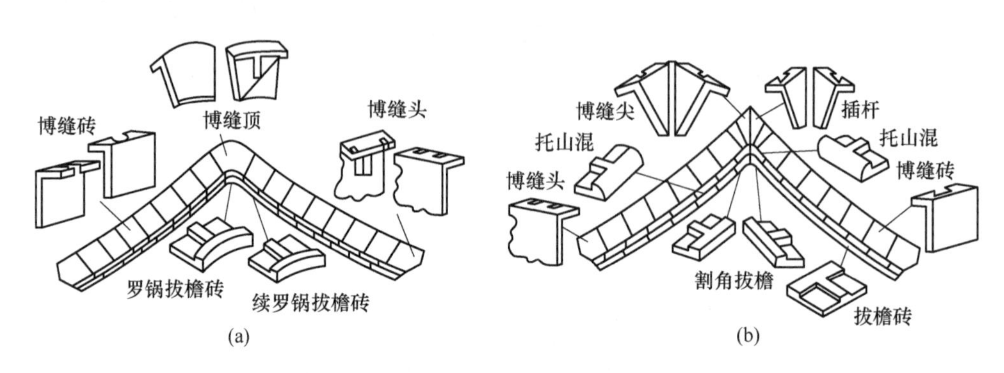

图 3-15　琉璃博缝示意图
（a）悬山琉璃博缝示意图；（b）硬山琉璃博缝示意图

琉璃挂落砖一般带有挂脚，多用于楼房或带平座的重檐建筑的挂檐板外面或挂钉在木过梁上，琉璃滴珠板也是一种挂落，底边轮廓常为如意头形状，它用于阁楼平座（即阁楼外走廊）的滴水板上，挂在其外，以作保护和装饰的面砖，如图 3-16 所示。

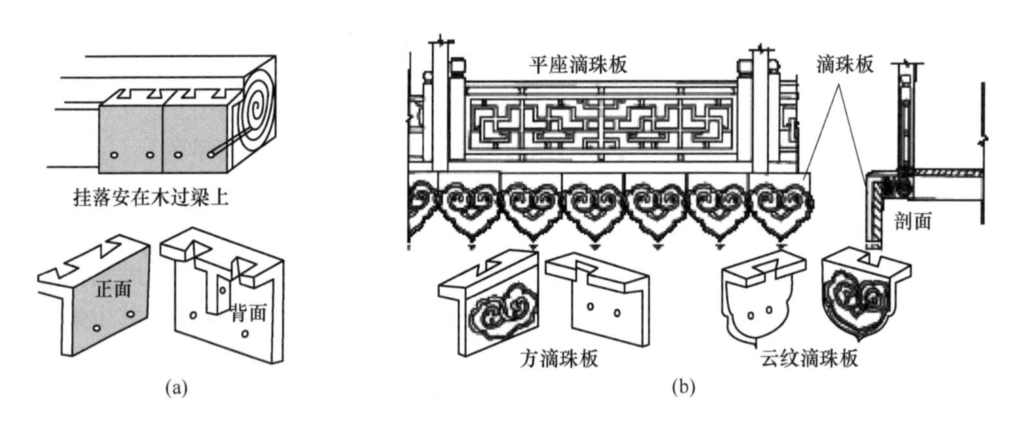

图 3-16　琉璃挂落和滴珠板示意图
（a）琉璃挂落示意图；（b）琉璃滴珠板示意图

3.1.2　石作工程及琉璃砌筑工程主要材料与工艺、构造

3.1.2.1　*石作工程及琉璃砌筑工程主要材料*

石作工程主要材料有石材、灰浆等。

仿古建筑中使用石材种类较多，但常用的主要有汉白玉、青白石、青砂石和花岗石等。汉白玉是纯白色的大理石，是一种石灰石形态，根据不同的质感，汉白玉石料又被细分为“水白”“旱白”“雪花白”“青白”四种。汉白玉具有洁白晶莹的质感，质地较软，石纹细，宜于雕刻，多应用于等级较高的建筑装饰雕刻，如北京故宫内影壁、石栏杆、石狮子、须弥座等，大多用汉白玉石料雕刻而成，给人以素雅大气的感觉，如图 3-17(a)所示的汉白玉须弥座。青白石的种类较多，同为青白石，由于颜色和花纹相差很大，又分为青石、白石、青石白喳、砖喳石、豆瓣绿、艾叶青等，青白石质地较硬，质感细腻，不易风化，多用于宫殿建筑及带雕刻的石活，如图 3-17(b)所示的青白石石雕。青砂石，呈豆青色，质地松脆，不能承重，但易于加工，一般小式建筑多用。花岗岩种类很多，因产地和质感不同，有很多名称，主要有麻石、金山石和焦山石，北方出产的花岗石多称为豆渣石或虎皮石，其中呈褐色的多称为虎皮石，其余的统称为豆渣石。花岗岩质地坚硬，不易风化，适于做台基、阶条石、地面等，但石纹粗糙，不易精雕细镂。花斑岩又称五音石或花石板，呈紫红或黄褐色，表面带有细纹，其质地较硬、花纹美观。

(a)

(b)

图 3-17 汉白玉须弥座（a）和青白石石雕（b）

石料的种类较多，因此，即使在同一建筑中，也需要根据部位的不同而选择石材。石材常见的缺陷是裂缝、隐残（即石料内部有裂缝）、纹理不顺、污点、红白线、石瑕和石铁等，有裂纹、隐残的石料一般不宜选用。石料纹理以顺溜最好，斜纹理或横纹理的石料不宜用作承重构件及雕刻。有石瑕的石料也不宜用于重要构件，尤其是悬挑构件。有污点、红白线的石料，一般放在不引人注意的位置。石铁在石面上局部发黑或发白，而且石料不易磨光磨齐，一般被安放在不需磨光的部位。

石材按其加工后的外形规则制度，可分为料石和毛石。料石又分为细料石、半细料石、粗料石、毛料石。细料石通过细加工，外表规则，叠砌面凹入深度不应大于 10 mm，截面的宽度、高度不宜小于 200 mm，且不宜小于长度的 1/4。半细料石规格尺寸同细料石，但叠砌面凹入深度不应大于 15 mm。粗料石的规格尺寸同半细料石，但叠砌面凹入深度不应大于 20 mm。毛料石外形大致方正，一般不加工或仅稍加修整，高度不应小于 200 mm，叠砌面凹入深度不应大于 25 mm；毛石形状不规则，中部厚度不应小于 200 mm。

传统古建筑石作工程所用灰浆种类繁多，有“九浆十八灰”之说。九浆是指青浆、月白浆、白浆、桃花浆、糯米浆、烟子浆、砖灰浆、铺浆和红土浆；十八灰是指生石灰、青灰、泼灰、泼浆灰、煮浆灰、老浆灰、熬炒灰、秸秆灰、软烧灰、月白灰、麻刀灰、花灰、素灰、油灰、黄米灰、葡萄灰、纸筋灰和砖灰。这些传统灰浆，大都有着悠久的历史，有些虽已经由新型材料替代，但多数仍以它独具的特性沿用至今。按照灰的泡制方法分，有泼浆灰（经水泼过的生石灰过细筛后共同发胀而成）。按灰内掺和麻刀的程度分，则有素灰（灰内无麻刀）、大麻刀灰（灰与麻刀质量比为 100：5）、中麻刀灰（灰与麻刀质量比为 100：4）、小麻刀灰（灰与麻刀质量比为 100：3，且麻刀较短）。按灰的颜色分则有纯白灰、月白灰（泼浆灰加水或加清浆搅拌，必要时加麻刀）、葡萄灰（即红灰，泼灰加红土或氧化铁红）、黄灰（泼灰加金土或地板黄）。按用途分，则可有驼背灰、扎缝灰、抱头灰、节子灰、熊头灰、花灰、护板灰、夹垄灰、裹垄灰等。因用途不同，灰浆中还可加添加剂，挑出浆米灰、油灰、纸筋灰、砖面灰、青浆、桃花浆、烟子浆、红土浆、包金土浆、江米浆等，这些灰浆，要根据不同部位的不同用途，事先进行调制。

3.1.2.2　石作工程主要工艺、构造

因琉璃砌筑工程类似砖作工程，可参见 2.1.1 小节，不再赘述，本节主要介绍石作工程常规石料加工工艺和石雕工艺、部分石作构造。

宋代《营造法式》规定石料加工有六道工序：打剥，即凿掉大的突出部分；搏，即凿掉小的突出部分；细漉，即基本凿平；棱，即边棱凿整齐方正；斫砟，即用斧錾平；磨，即用水砂磨去斫痕。清代《工程做法则例》中石作制作安装程序有做糙、做细、占斧、扁光、对缝、摆滚子叫号、灌浆等，工序和宋代近似，但包括安装在内。按石料加工精度可分为打荒、一步做糙、二步做糙、一遍剁斧、二遍剁斧、三遍剁斧、扁光 7 个等级。“打荒”是一种最初始、最粗糙的加工；它是将采出来的石料，选择合适的料形，用铁锤和铁凿将棱角和高低不平之处打剥到基本均匀一致的轮廓形式，对此加工品可称为“荒料”。“一步做糙”是指对荒料的粗加工；一步做糙是将荒料按设计规格增加预留尺寸后，进行放线

打剥，使其达到设计要求的基本形式，对此加工品可称为“毛坯”。“二步做糙”是在一步做糙的基础上，用锤凿进一步进行錾凿，使毛坯表面粗糙纹路变浅，凸凹深浅均匀一致，尺寸规格基本符合设计要求，对此所做成的加工品可称为“料石”。“剁斧”是指专门用于砍剁石料的钝口铁斧，经过剁錾可以消除石料表面的凸凹痕迹。一遍剁斧就是消除凸凹痕迹，使石料表面平整的加工，要求剁斧的剁痕间隙小于3 mm，对此加工品可以称它为“石材”。“二遍剁斧”是在一遍剁斧的基础上再加细剁，要求剁痕间隙小于1 mm，使石料表面更趋平整的加工。“三遍剁斧”是在二遍剁斧的基础上，做更精密的细剁，要求剁痕间隙小于0.5 mm，使肉眼基本看不出剁痕，手摸感觉平整无迹。“扁”即指很薄的面，“光”即指光滑。扁光是将三遍剁斧的石面用磨头（如砂石、金刚石、油石等）加水磨蹭，使石材表面细腻光滑。

关于石作雕刻工艺，按表现形式的不同，石雕分为线雕、阴雕、平浮雕、浅浮雕、深浮雕、镂雕、透雕、圆雕八类，如图3-18所示。石雕的制作方法有两种：一种是传统雕法，即雕刻匠师根据图样或腹稿，雕刻时在石料上面，边勾画，边雕刻，直至完成；另一种是循序雕法，即构思构图、塑小稿、塑足稿、翻模型、使用点线机辅助雕刻、磨光成活。

(a)

(b)

(c)

图3-18　石雕表现形式

（a）浅浮雕与透雕；（b）深浮雕；（c）圆雕

传统雕法的一般工序为：备料→放样→雕刻→修整打磨。备料：根据设计要求选择石料种类和尺寸，选择的石料应比作品略大，再用錾子粗平打磨。当雕刻件比较大时，可选用几块石材拼装后再进行雕琢。放样：将设计图样或建设方认可的图样画或拓印在石料表面，再用小尖头錾子沿图样轮廓线条轻凿（“穿”）一遍后即可雕刻；放样应准确、简练、概括，并标记出需要去掉的部分。雕刻：先凿粗胚，再打细坯；先根据放样的纹样，按照层次深浅、位置等要求，凿打出画面大致形状；在此基础上刻画图样局部，雕琢细部线条，如果是形体复杂、层次较多的高浮雕、镂雕、圆雕，应按顺序分层次进行，即“画”“穿”“凿”分层进行，反复操作。修整：对石雕进行全面整理，重要部位再进行精工细刻，并对雕刻失误的地方、砂眼、孔洞、裂隙等缺陷用环氧树脂等材料进行修补，最后用打磨机、磨砂石、砂布等工具将石雕表面打磨光洁、明亮、圆滑。

循序雕法的一般工序为：构思构图→塑小稿→塑足稿→翻制模型→加工坯料→点线机辅助雕刻→修补打磨成活。构思构图即绘制图样；塑小稿是指根据正式图样按适当比例制作泥塑小样；塑足稿是应先按图样大小和形状，用木材、铁钉和麻绑扎骨架，制作1：1泥模，骨架的形状及强度应满足图样和泥模的要求。翻制模型是指泥模经验收合格后，在表面应满涂隔离剂，在其外作石膏或其他材料的外模，待达到强度后开模，挖出里面泥模，并将内表面清除干净。检查验收合格后，可根据图样的复杂情况，将外模分制成若干块，使用时再进行组装；应在内表面满涂隔离剂，再向内浇注石膏或玻璃钢等模型材料，干后脱模，并对内模进行修补，直至与泥塑足稿基本一样。加工坯料是按照翻制的模型的大小和外形要求进行坯料加工，当所雕图样比较大时，可用数块石材拼装后进行雕琢。点线机辅助雕刻是指利用点线机辅助找好翻制模型的轮廓和不同的起伏高低尺寸进行雕刻。雕刻应由粗到细的，先雕图样的外形和主要部分，再逐步深入，直至完成细部刻画，最后修补打磨。

小式建筑的台明高度宜为檐柱高度的1/7～1/5，大式建筑的台明高度宜为檐柱高度的1/5～1/4。露台应设栏杆，且其高度应比台明低一个踏步。台明下出宜为上檐的3/4～4/5。回水宜为200～400 mm。小式建筑的台明下出宜300～400 mm（檐柱、廊柱中心线至阶沿石外皮），大式建筑的台明下出不得小于500 mm。石鼓磴顶面的半径，在小式建筑宜比柱底端半径大0～20 mm，在大式建筑中宜比底端半径大30～40 mm。石鼓磴高度与其顶面直径之比宜为0.6～0.7。柱顶石的直径应为2倍本柱径，厚度应同柱径。檐柱与金柱柱顶石宜同厚。柱顶石的鼓境高应为0.2～0.3倍本柱径，镜鼓上皮直径应为1.4～1.5倍本柱径。小式建筑与大式建筑所有柱的磉石均宜采用整磉石。

台阶又称踏跺，其形式包括规则式台阶和自然式台阶。其中，规则式台阶包括垂带踏跺（带石栏杆垂带台阶、带护身墙垂带台阶、一般垂带台阶）、如意踏跺、礓礤。垂带踏跺应由垂带石、象眼石、踏跺石（又称踏跺基石、踏跺心石）、燕窝石、土衬石等组成。垂带石本身的宽度宜按檐柱（指圆柱，梅花柱除外）柱径的1.5～2倍确定，最小不应小于40 cm。若方梅花柱为檐柱的垂带台阶，垂带石宜按40～50 cm确定。垂带石的设计厚度应为12～15 cm。踏跺石的宽度应为32～37 cm（其中，叠压2 cm；净漏30～35 cm，宜为30 cm），厚度应为12～15 cm，宜为12 cm。象眼石厚应同垂带石或阶条石。如意台阶无垂带、象眼石、燕窝石，各层台阶均应由踏跺基石组装拼装而成。如意台阶踏跺基石厚度尺寸同垂带台阶踏跺基石，也可使用青砖砌筑（陡砌）。礓礤应是一种剖面呈锯齿状、表面如搓衣板状的石构或砖砌坡道。礓礤石单块规格大小不限，每一级礓礤宽度应一致，宽度宜为5～10 cm，厚度宜为10～15 cm。礓礤砖砌台阶应用青砖砌成，砖厚即为礓礤厚度。

单勾阑石栏杆形式包括寻杖栏板栏杆和罗汉栏杆。寻杖栏板石栏杆上方应带有寻杖扶手，栏杆应由地栿、望柱、栏板等组成，寻杖栏板的地栿高宽比宜为1∶2左右，高宜为14～18 cm，其中地栿槽深宜为2～3 cm、宽宜为25～36 cm。地栿外皮至须弥座上枋石外皮的尺寸应为5～7 cm。寻杖栏板的望柱应由柱身和柱头组成。柱身断面宜为正方形，柱头高度依形式不一而不同，高度不应大于1/2柱身高。寻杖栏板的设计高长比宜为1∶2左右，具体尺寸根据实际情况而定，其高度设计时宜为3～3.5倍望柱柱径或80～90 cm。栏板的设计厚度上下应不同，下皮厚度宜为80%柱径左右，寻杖上口厚应为70%柱径。寻杖断面呈八片花瓣形。栏板下口应安装在地栿上面的望柱槽内。寻杖栏板的抱鼓石的最高部位高同栏板，厚度宜为望柱柱径的80%，上下同厚无收分。抱鼓石的设计长度宜为栏板高度的1.5～2倍。罗汉栏板栏杆应是一种不安望柱只安栏板的栏板栏杆，罗汉栏板栏杆应是一种不安望柱只安栏板的栏板栏杆，罗汉栏板应比寻杖栏板略厚，且栏板上下无需收分。上口边角倒棱或磨成圆楞泥鳅背。其栏板肚的厚度宜为地栿宽度的60%～70%（14～20 cm）。栏板肚分两阶凸出，每阶0.5～1 cm。使用罗汉栏板者，同一列的栏板数量一定是奇数，用于当中一块者最高，其他各块依顺序递减，每级宜为5～10 cm，且当中一块的设计高度宜为70～90 cm。栏板的长度也应以当中一块最长，罗汉栏板栏杆抱鼓石的高度应与最末一块栏杆高度同高或略低，厚应同其他栏板（不含栏板肚厚度）。

3.2 石作工程及琉璃砌筑工程工程量清单编制

3.2.1 台基及台阶计量

下面介绍台基及台阶的计量方法。

（1）阶条石，又名压阑石、阶沿或阶沿石，其计量为：

项目编码：020201001。

计量单位：m^3。

项目特征：1）石料种类、构件规格尺寸；2）石表面加工要求及等级；3）黏结层厚度；4）砂浆种类、配合比、强度等级。

工程量计算规则：按设计图示尺寸以体积计算。

（2）陡板石，又名阶头石段、侧塘石或石脚，其计量为：

项目编码：020201002。

计量单位：m^3。

项目特征：1）石料种类、构件规格尺寸；2）石表面加工要求及等级；3）黏结层厚度；4）砂浆种类、配合比、强度等级。

工程量计算规则：按设计图示尺寸以体积计算。

（3）土衬石，又名基脚或勒脚，其计量为：

项目编码：020201003。

计量单位：m^3。

项目特征：1）石料种类、构件规格尺寸；2）石表面加工要求及等级；3）黏结层厚度；4）砂浆种类、配合比、强度等级。

工程量计算规则：按设计图示尺寸以体积计算。

（4）埋头，又名角柱，其计量为：

项目编码：020201004。

计量单位：m^3。

项目特征：1）石料种类、构件规格尺寸；2）石表面加工要求及等级；3）黏结层厚度；4）砂浆种类、配合比、强度等级。

工程量计算规则：按设计图示尺寸以体积计算。

（5）柱顶石，柱顶又名柱础、鉆蹬、磉石，其计量为：

项目编码：020201005。

计量单位：只。

项目特征：1）石料种类、构件规格尺寸；2）石表面加工要求及等级；3）式样；4）雕刻种类、形式；5）榫眼形式；6）黏结层厚度；7）砂浆种类、配合比、强度等级。

工程量计算规则：按设计图示以数量计算。

（6）磉墩，又名鼓蹬，其计量为：

项目编码：020201006。

计量单位：只。

项目特征：1）石料种类、构件规格尺寸；2）石表面加工要求及等级；3）黏结层厚度；4）砂浆种类、配合比、强度等级。

工程量计算规则：按设计图示以数量计算。

（7）踏跺，又名踏道、级石、踏步、石梯子或石阶，其计量为：

项目编码：020201007。

计量单位：m^3。

项目特征：1）石料种类、构件规格尺寸；2）石表面加工要求及等级；3）黏结层厚度；4）砂浆种类、配合比、强度等级。

工程量计算规则：按设计图示尺寸以体积计算。

（8）垂带，又名副子、梯带或石梯膀，其计量为：

项目编码：020201008。

计量单位：m^3。

项目特征：1）使用部位；2）石料种类、构件规格尺寸；3）石表面加工要求及等级；4）黏结层厚度；5）砂浆种类、配合比、强度等级。

工程量计算规则：按设计图示尺寸以体积计算。

（9）象眼，又名菱角石，其计量为：

项目编码：020201009。

计量单位：m^3。

项目特征：1）石料种类、构件规格尺寸；2）石表面加工要求及等级；3）黏结层厚度；4）砂浆种类、配合比、强度等级。

工程量计算规则：按设计图示尺寸以体积计算。

（10）僵礤石，又名姜礤石或小曼道石，其计量为：

项目编码：020201010。

计量单位：m^2。

项目特征：1）石料种类、构件规格尺寸；2）石表面加工要求及等级；3）黏结层厚度；4）砂浆种类、配合比、强度等级。

工程量计算规则：按设计图示尺寸以斜面面积计算。

（11）槛垫石、过门石、分心石的计量为：

项目编码：020201011。

计量单位：m^3。

项目特征：1）石料种类、构件规格尺寸；2）石表面加工要求及等级；3）黏结层厚度；4）砂浆种类、配合比、强度等级。

工程量计算规则：按设计图示尺寸以体积计算。

（12）地坪石的计量为：

项目编码：020201012。

计量单位：m^3。

项目特征：1）石料种类、构件规格尺寸；2）石表面加工要求及等级；3）黏结层厚度；4）砂浆种类、配合比、强度等级。

工程量计算规则：按设计图示尺寸以体积计算。

（13）锁口石，又名连磉，其计量为：

项目编码：020201013。

计量单位：m^2。

项目特征：1）石料种类、构件规格尺寸；2）石表面加工要求及等级；3）黏结层厚度；4）砂浆种类、配合比、强度等级。

工程量计算规则：按设计图示尺寸以水平投影面积计算。

（14）独立须弥座的计量为：

项目编码：020201014。

计量单位：座。

项目特征：1）石料种类、构件规格尺寸；2）石表面加工要求及等级；3）雕刻种类、形式；4）线脚要求；5）黏结层厚度；6）砂浆种类、配合比、强度等级。

工程量计算规则：按设计图示以数量计算。

（15）台基须弥座的计量为：

项目编码：020201015。

计量单位：m^3。

项目特征：1）石料种类、构件规格尺寸；2）石表面加工要求及等级；3）雕刻种类、形式；4）线脚要求；5）黏结层厚度；6）砂浆种类、配合比、强度等级。

工程量计算规则：按设计图示尺寸以体积计算。

（16）须弥座龙头，又名金刚座龙头，其计量为：

项目编码：020201016。

计量单位：个。

项目特征：1）石料种类、构件规格尺寸；2）石表面加工要求及等级；3）雕刻种类、形式；4）黏结层厚度；5）砂浆种类、配合比、强度等级。

工程量计算规则：按设计图示以数量计算。

【例 3-1】 某仿古建筑台明四周为截面尺寸 120 mm × 100 mm 阶条石，阶条石正下方为 100 mm 厚陡板石，圆形磉墩外围尺寸为 520 mm × 310 mm，石表面扁光处理，台明平面图及相关详图如图 3-19 所示，台明外侧踏跺长度为 2.7 m，踏跺踏面及踢面均采用 50 mm 厚石板、垂带截面尺寸为 200 mm × 300 mm，踏跺及垂带石表面剁斧处理。除阶条石为花岗石外，其余用石料均为红砂石，黏结层砂浆为 20 mm 厚 M10 干混抹灰砂浆，试计算该台明阶条石、陡板石、踏跺、垂带、磉墩的工程量及编制工程量清单。

解： 阶条石、陡板石、踏跺、垂带以 m^3 计量，计算规则按设计图示尺寸以体积计算。

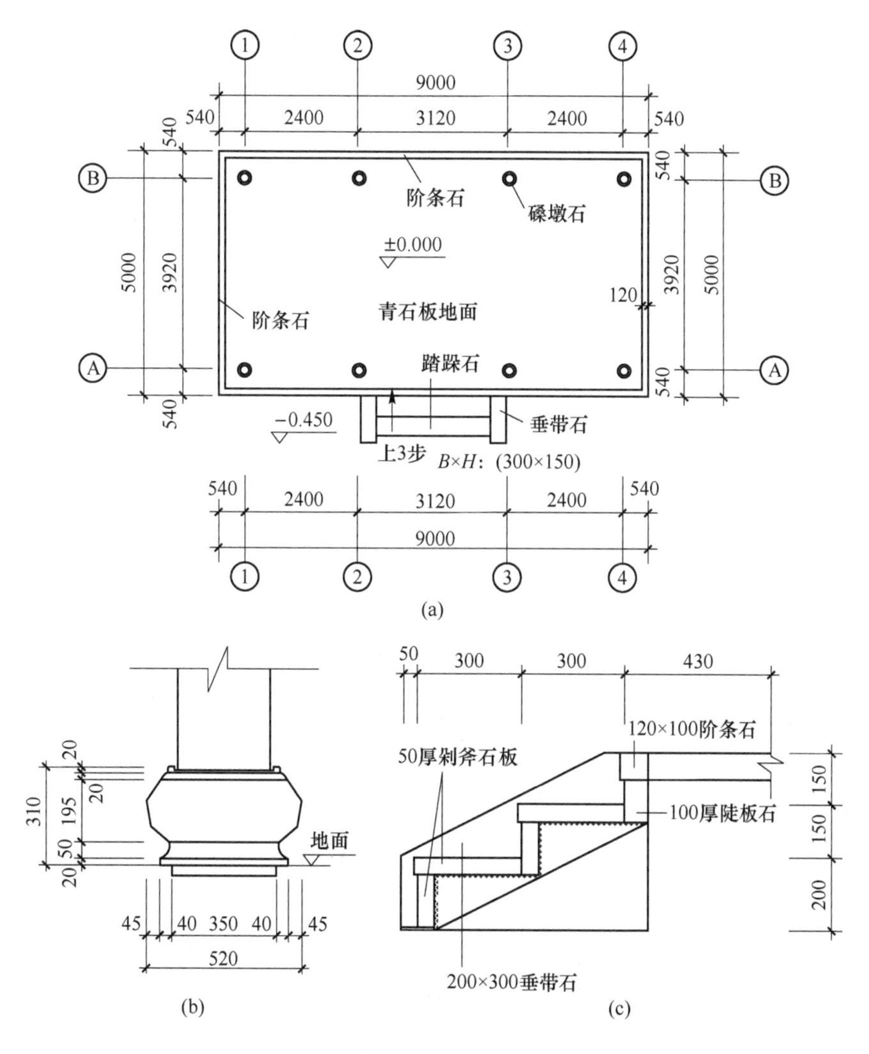

图3-19 台明的平面图（a）及磉墩（b）、踏跺（c）详图

阶条石工程量：$V_1=[(9+5)\times2-0.12\times4]\times0.12\times0.1=0.33$（$m^3$）

陡板石工程量：$V_2=[(9+5)\times2-0.02\times8-0.1\times4]\times0.1\times0.1=0.27$（$m^3$）

踏跺工程量：$V_3=(0.05\times0.3+0.05\times0.15)\times2\times2.7=0.12$（$m^3$）

垂带工程量：$V_4=\sqrt{(0.2+0.15+0.15)^2+(0.3+0.3+0.05)^2}\times2\times0.2\times0.3=0.33$（$m^3$）

磉墩以只计量，计算规则按设计图示以数量计算。

踏跺工程量：$N=8$ 只

阶台石、陡板石、踏跺、磉墩的工程量清单见表3-1。

表 3-1　阶条石、陡板石、踏跺、垂带、磉墩的工程量清单

序号	项目编码	项目名称	项 目 特 征	计量单位	工程量
1	020201001001	阶条石	(1) 石料种类、构件规格尺寸：截面尺寸 120 mm×100 mm，红砂石； (2) 石表面加工要求及等级：扁光； (3) 黏结层厚度：20 mm； (4) 砂浆种类、配合比、强度等级：M10 干混抹灰砂浆	m^3	0.33
2	020201002001	陡板石	(1) 石料种类、构件规格尺寸：截面尺寸 100 mm×100 mm，红砂石； (2) 石表面加工要求及等级：扁光； (3) 黏结层厚度：20 mm； (4) 砂浆种类、配合比、强度等级：M10 干混抹灰砂浆	m^3	0.27
3	020201007001	踏跺	(1) 石料种类、构件规格尺寸：50 mm 厚红砂石板； (2) 石表面加工要求及等级：剁斧； (3) 黏结层厚度：20 mm； (4) 砂浆种类、配合比、强度等级：M10 干混抹灰砂浆	m^3	0.12
4	020201008001	垂带	(1) 石料种类、构件规格尺寸：截面尺寸 200 mm×300 mm，红砂石； (2) 石表面加工要求及等级：剁斧； (3) 黏结层厚度：20 mm； (4) 砂浆种类、配合比、强度等级：M10 干混抹灰砂浆	m^3	0.33
5	020201006001	磉墩	(1) 石料种类、构件规格尺寸：外围尺寸 520 mm×310 mm，红砂石； (2) 石表面加工要求及等级：扁光； (3) 黏结层厚度：20 mm； (4) 砂浆种类、配合比、强度等级：M10 干混抹灰砂浆	只	8

3.2.2　栏杆计量

栏杆包括地伏石、望柱、栏板、抱鼓石，下面介绍它们的计量方法。

(1) 地伏石，地伏又名地木伏子、锁口石、坐脚、下平盘，其计量为：

项目编码：020202001。

计量单位：m^2。

项目特征：1) 石料种类、构件规格尺寸；2) 石表面加工要求及等级；3) 黏结层厚度；4) 砂浆种类、配合比、强度等级。

工程量计算规则：按设计图示尺寸以水平投影面积计算。

(2) 望柱，又名柱子、莲柱、栏杆柱，其计量为：

项目编码：020202002。

计量单位：根。

项目特征：1）石料种类、构件规格尺寸；2）石表面加工要求及等级；3）柱身雕刻种类、形式；4）柱头雕饰形式；5）勾缝形式；6）黏结层厚度；7）砂浆种类、配合比、强度等级。

工程量计算规则：按设计图示以数量计算。

（3）栏板的计量为：

项目编码：020202003。

计量单位：m^2。

项目特征：1）石料种类、构件规格尺寸；2）石表面加工要求及等级；3）构件式样；4）雕刻种类、形式；5）勾缝形式；6）黏结层厚度；7）砂浆种类、配合比、强度等级。

工程量计算规则：按设计图示尺寸以面积计算。

（4）抱鼓石的计量为：

项目编码：020202004。

计量单位：只。

项目特征：1）石料种类、构件规格尺寸；2）石表面加工要求及等级；3）雕刻种类、深度、面积；4）黏结层厚度；5）砂浆种类、配合比、强度等级。

工程量计算规则：按设计图示以数量计算。

【例3-2】 某仿古巡杖栏杆由抱鼓石、栏杆组成，抱鼓石外接矩形尺寸为500 mm×600 mm，中部压地隐起（浅浮雕）；望柱及栏板安装在截面尺寸300 mm×200 mm地伏石上，望柱截面尺寸200 mm×200 mm，柱头为300 mm高莲瓣（花）头雕刻，柱身带浅凹竖槽，栏板自上而下构件式样为巡杖、花瓶、矩形镂空，如图3-20所示。所用石料均为花岗石，石表面扁光处理，黏结层砂浆为20 mm厚M10干混抹灰砂浆，试计算该巡杖栏杆的地伏石、望柱、栏板、抱鼓石工程量及编制工程量清单。

解： 地伏石以 m^2 计量，计算规则按设计图示尺寸以水平投影面积计算。

地伏石长度：$L=\sqrt{(1.2-0.2)^2+(1\times2)^2}+0.275+0.7+0.25+0.7+0.275=4.44$（m）

地伏石工程量：$S=4.44\times0.3=1.33$（m^2）

望柱以根计量，计算规则按设计图示以数量计算。

望柱工程量：$N=3$ 根

栏板以 m^2 计量，计算规则按设计图示尺寸以面积计算。

栏板工程量：$S=(0.275+0.7+0.25+0.7+0.275-0.2\times2)\times0.9+2/\sqrt{5}\times2.6\times0.9=3.71$（$m^2$）

抱鼓石以只计量，计算规则按设计图示以数量计算。

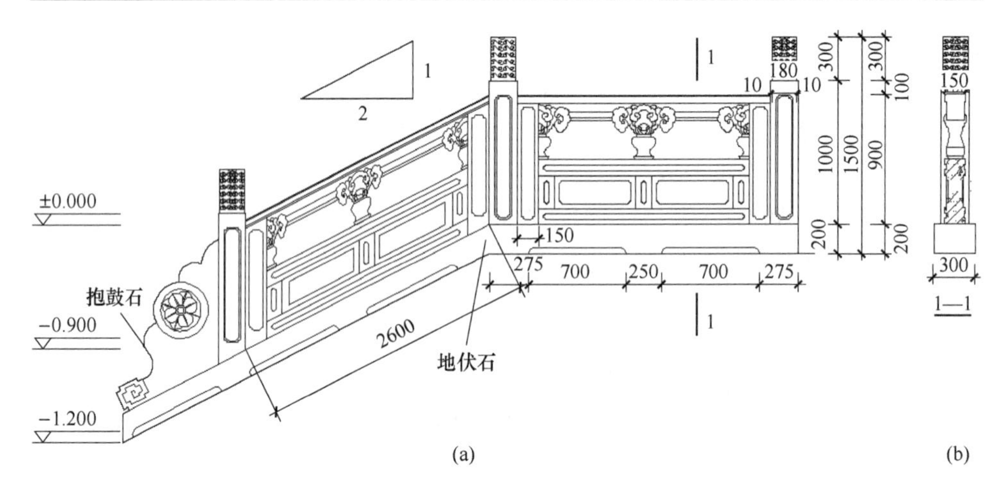

图 3-20　巡杖栏杆的立面图（a）及 1—1 剖面图（b）

抱鼓石工程量：$N=1$ 只

地伏石、望柱、栏板、抱鼓石的工程量清单见表 3-2。

表 3-2　地伏石、望柱、栏板、抱鼓石的工程量清单

序号	项目编码	项目名称	项 目 特 征	计量单位	工程量
1	020202001001	地伏石	（1）石料种类、构件规格尺寸：截面尺寸 300 mm × 200 mm，花岗石； （2）石表面加工要求及等级：扁光； （3）黏结层厚度：20 mm； （4）砂浆种类、配合比、强度等级：M10 干混抹灰砂浆	m^2	1. 33
2	020202002001	望柱	（1）石料种类、构件规格尺寸：截面尺寸 200 mm × 200 mm，花岗石； （2）石表面加工要求及等级：扁光； （3）柱身雕刻种类、形式：带浅凹竖槽； （4）柱头雕饰形式：300 mm 高莲瓣（花）头雕刻； （5）黏结层厚度：20 mm； （6）砂浆种类、配合比、强度等级：M10 干混抹灰砂浆	根	3
3	020202003001	栏板	（1）石料种类、构件规格尺寸：截面尺寸 900 mm × 150 mm，花岗石； （2）石表面加工要求及等级：扁光； （3）构件式样：自上而下构件式样为巡杖、花瓶、矩形镂空； （4）柱头雕饰形式：300 mm 高莲瓣（花）头雕刻； （5）黏结层厚度：20 mm； （6）砂浆种类、配合比、强度等级：M10 干混抹灰砂浆	m^2	3. 71

续表 3-2

序号	项目编码	项目名称	项 目 特 征	计量单位	工程量
4	020202004001	抱鼓石	(1) 石料种类、构件规格尺寸：截面尺寸 500 mm×600 mm×150 mm，花岗石； (2) 石表面加工要求及等级：扁光； (3) 雕刻种类、深度：中部压地隐起（浅浮雕）； (4) 黏结层厚度：20 mm； (5) 砂浆种类、配合比、强度等级：M10 干混抹灰砂浆	只	1

3.2.3 柱、梁、枋计量

下面介绍柱、梁、枋的计量方法。

(1) 柱的计量为：

项目编码：020203001。

计量单位：m^3。

项目特征：1) 石料种类、构件规格尺寸；2) 石表面加工要求及等级；3) 雕刻种类、深度、面积；4) 黏结层厚度；5) 砂浆种类、配合比、强度等级。

工程量计算规则：按设计图示尺寸以体积计算。

(2) 梁的计量为：

项目编码：020203002。

计量单位：m^3。

项目特征：1) 石料种类、构件规格尺寸；2) 石表面加工要求及等级；3) 雕刻种类、深度、面积；4) 黏结层厚度；5) 砂浆种类、配合比、强度等级。

工程量计算规则：按设计图示尺寸以体积计算。

(3) 枋，又名方或方线，其计量为：

项目编码：020203003。

计量单位：m^3。

项目特征：1) 石料种类、构件规格尺寸；2) 石表面加工要求及等级；3) 雕刻种类、深度、面积；4) 黏结层厚度；5) 砂浆种类、配合比、强度等级。

工程量计算规则：按设计图示尺寸以体积计算。

【例 3-3】 某仿古长廊主体结构由石柱、石梁、石枋组成，石柱、石梁、石枋平面图及 1—1 剖面图如图 3-21 所示。石柱有直径 ϕ450 mm 和 ϕ300 mm 两类，石梁为直径 ϕ150 mm，石枋截面尺寸为 120 mm×160 mm，所用石料均为大理石，石表面扁光处理，黏结层砂浆为 20 mm 厚 M10 干混抹灰砂浆，试计算该长廊主体结构石柱、石梁、石枋工程量及编制工程量清单。

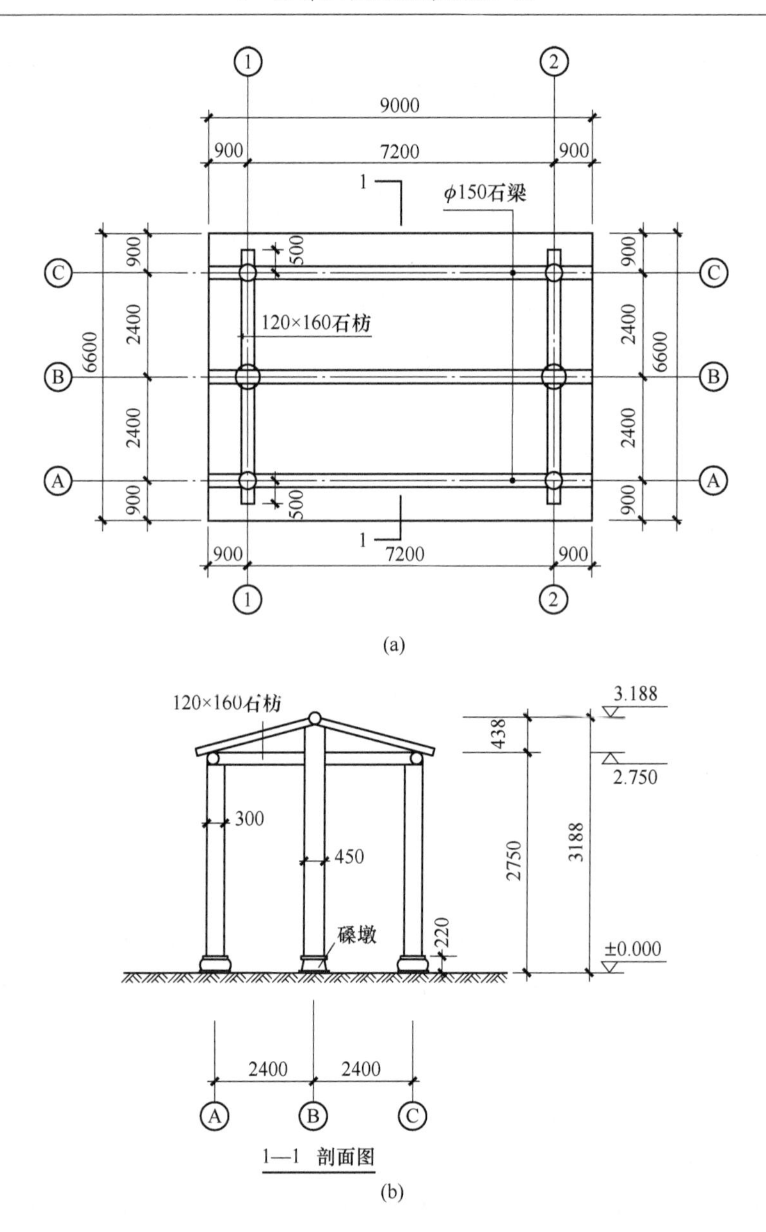

图 3-21　石柱、石梁、石枋平面图（a）及 1—1 剖面图（b）

解：石柱、石梁、石枋以 m^3 计量，计算规则按设计图示尺寸以体积计算。

石柱工程量：$V_1 = 3.14 \times 0.45 \times 0.45/4 \times (3.188 - 0.22 - 0.15) + 3.14 \times 0.3 \times 0.3/4 \times (2.75 - 0.16 - 0.22) \times 2 = 0.78$（$m^3$）

石梁工程量：$V_2 = 3.14 \times 0.15 \times 0.15/4 \times 9 \times 3 = 0.48$（$m^3$）

石枋工程量：$V_3 = 0.12 \times 0.16 \times (2.4 + 2.4 - 0.45 - 0.3) \times 2 = 0.16$（$m^3$）

石柱、石梁、石枋的工程量清单见表3-3。

表3-3 石柱、石梁、石枋的工程量清单

序号	项目编码	项目名称	项目特征	计量单位	工程量
1	020203001001	石柱	（1）石料种类、构件规格尺寸：截面直径 ϕ450 mm 和 ϕ300 mm，大理石；（2）石表面加工要求及等级：扁光；（3）黏结层厚度：20 mm；（4）砂浆种类、配合比、强度等级：M10 干混抹灰砂浆	m^3	0.78
2	020203002001	石梁	（1）石料种类、构件规格尺寸：截面直径 ϕ150 mm，大理石；（2）石表面加工要求及等级：扁光；（3）黏结层厚度：20 mm；（4）砂浆种类、配合比、强度等级：M10 干混抹灰砂浆	m^3	0.48
3	020203003001	石枋	（1）石料种类、构件规格尺寸：截面尺寸 120 mm×160 mm，大理石；（2）石表面加工要求及等级：扁光；（3）黏结层厚度：20 mm；（4）砂浆种类、配合比、强度等级：M10 干混抹灰砂浆	m^3	0.16

3.2.4 墙身石活及门窗石计量

下面介绍墙身石活及门窗石的计量方法。

（1）角柱的计量为：

项目编码：020204001。

计量单位：m^3。

项目特征：1）石料种类、构件规格尺寸；2）石表面加工要求及等级；3）黏结层厚度；4）砂浆种类、配合比、强度等级。

工程量计算规则：按设计图示尺寸以体积计算。

（2）压面石的计量为：

项目编码：020204002。

计量单位：m^3。

项目特征：1）石料种类、构件规格尺寸；2）石表面加工要求及等级；3）黏结层厚度；4）砂浆种类、配合比、强度等级。

工程量计算规则：按设计图示尺寸以体积计算。

（3）腰线石的计量为：

项目编码：020204003。

计量单位：m^3。

项目特征：1）石料种类、构件规格尺寸；2）石表面加工要求及等级；3）黏结层厚度；4）砂浆种类、配合比、强度等级。

工程量计算规则：按设计图示尺寸以体积计算。

（4）挑檐石的计量为：

项目编码：020204004。

计量单位：m^3。

项目特征：1）石料种类、构件规格尺寸；2）石表面加工要求及等级；3）黏结层厚度；4）砂浆种类、配合比、强度等级。

工程量计算规则：按设计图示尺寸以体积计算。

（5）门窗券石的计量为：

项目编码：020204005。

计量单位：m^3。

项目特征：1）石料种类、构件规格尺寸；2）石表面加工要求及等级；3）券胎模种类；4）黏结层厚度；5）砂浆种类、配合比、强度等级。

工程量计算规则：按设计图示尺寸以体积计算。

（6）门窗券脸的计量为：

项目编码：020204006。

计量单位：m^2。

项目特征：1）石料种类、构件规格尺寸；2）石表面加工要求及等级；3）券脸雕刻种类、深度、面积；4）券胎模种类；5）黏结层厚度；6）砂浆种类、配合比、强度等级。

工程量计算规则：按设计图示尺寸以面积计算。

（7）石窗的计量为：

项目编码：020204007。

计量单位：m^2。

项目特征：1）石料种类、构件规格尺寸；2）石表面加工要求及等级；3）窗格式样、雕刻种类、形式；4）黏结层厚度；5）砂浆种类、配合比、强度等级。

工程量计算规则：按设计图示尺寸以面积计算。

（8）墙帽的计量为：

项目编码：020204008。

计量单位：m^3。

项目特征：1）石料种类、构件规格尺寸；2）石表面加工要求及等级；3）黏结层厚度；4）砂浆种类、配合比、强度等级。

工程量计算规则：按设计图示尺寸以体积计算。

（9）墙帽与角柱联做的计量为：

项目编码：020204009。

计量单位：m^3。

项目特征：1）石料种类、构件规格尺寸；2）石表面加工要求及等级；3）黏结层厚度；4）砂浆种类、配合比、强度等级。

工程量计算规则：按设计图示尺寸以体积计算。

（10）月洞门元宝石的计量为：

项目编码：020204010。

计量单位：块。

项目特征：1）石料种类、构件规格尺寸；2）石表面加工要求及等级；3）弧度要求；4）黏结层厚度；5）砂浆种类、配合比、强度等级。

工程量计算规则：按设计图示以数量计算。

（11）门枕石，门枕又名门砧、砷石，其计量为：

项目编码：020204011。

计量单位：块。

项目特征：1）石料种类、构件规格尺寸；2）石表面加工要求及等级；3）黏结层厚度；4）砂浆种类、配合比、强度等级。

工程量计算规则：按设计图示以数量计算。

（12）门鼓石的计量为：

项目编码：020204012。

计量单位：块。

项目特征：1）石料种类、构件规格尺寸、构件式样；2）石表面加工要求及等级；3）雕刻种类、深度、面积；4）黏结层厚度；5）砂浆种类、配合比、强度等级。

工程量计算规则：按设计图示以数量计算。

（13）石门框的计量为：

项目编码：020204013。

计量单位：m。

项目特征：1）石料种类、构件规格尺寸；2）石表面加工要求及等级；3）雕刻种类、深度、面积；4）黏结层厚度；5）砂浆种类、配合比、强度等级。

工程量计算规则：按设计图示尺寸以框中心线长度计算。

（14）石窗框的计量为：

项目编码：020204014。

计量单位：m。

项目特征：1）石料种类、构件规格尺寸；2）石表面加工要求及等级；3）雕刻种类、深度、面积；4）黏结层厚度；5）砂浆种类、配合比、强度等级。

工程量计算规则：按设计图示尺寸以框中心线长度计算。

（15）石砌墙体的计量为：

项目编码：020204015。

计量单位：m^3。

项目特征：1）砌筑部位；2）砌筑方式；3）石料种类及规格；4）灰浆种类及配合比；5）勾缝形式。

工程量计算规则：按设计图示尺寸以体积计算。

【例 3-4】 某仿古园林围墙如图 3-22 所示，墙体采用尺寸 250 mm × 220 mm × 500 mm 红砂石砌筑，加浆勾平缝，墙体中部窗框采用截面尺寸为 250 mm × 100 mm 大理石贴壁砌筑，蓑衣墙帽采用红砂石板三层等高叠砌，石表面均扁光处理，黏结层砂浆为 M10 干混砌筑砂浆，试计算该围墙石砌墙体、墙帽、窗框工程量及编制工程量清单。

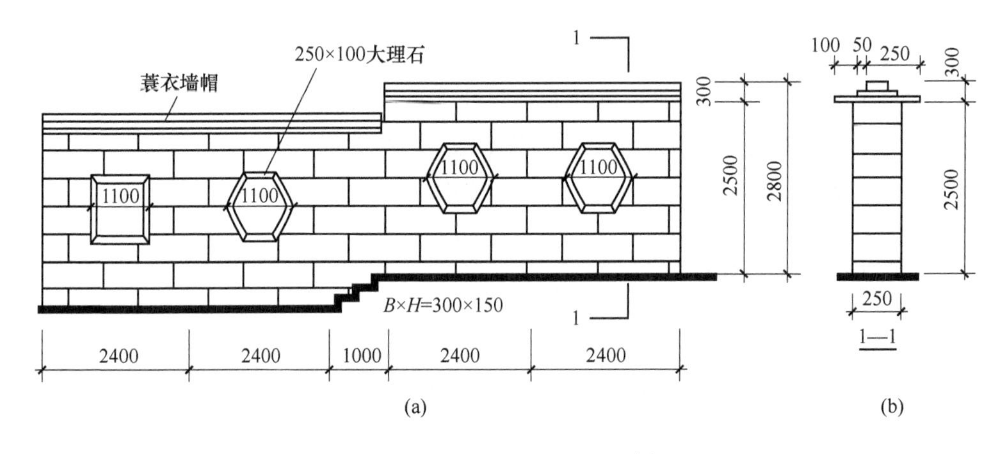

图 3-22　石墙的立面图（a）及 1—1 剖面图（b）

解： 石砌墙体、墙帽以 m^3 计量，计算规则按设计图示尺寸以体积计算。

石砌墙体上窗洞面积：$S = 1.1 \times 1.1 + (3/2) \times 1.732 \times 0.55 \times 0.55 \times 3 = 3.57\ (m^2)$

石砌墙体工程量：$V_1 = [(2.4 + 2.4 + 1 + 2.4 + 2.4) \times 2.5 - 0.3 \times 0.15 - 0.3 \times 0.3 - 3.57] \times 0.25 = 5.70\ (m^3)$

墙帽工程量：$V_2 = [(0.1 + 0.05 + 0.25) \times 0.3 - 0.1 \times 0.2 \times 2 - 0.05 \times 0.1 \times 2] \times (2.4 + 2.4 + 1 + 2.4 + 2.4) = 0.74\ (m^3)$

石窗框以 m 计量，计算规则按设计图示尺寸以框中心线长度计算。

石窗框工程量：$L = 1.1 \times 4 - 0.1 \times 4 + [(1.1/2) \times 6 - 0.1 \times 6] \times 3 = 12.10\ (m)$

石砌墙体、墙帽、窗框的工程量清单见表 3-4。

表 3-4 石砌墙体、墙帽、窗框的工程量清单

序号	项目编码	项目名称	项 目 特 征	计量单位	工程量
1	020204015001	石砌墙体	（1）石料种类及规格：250 mm×220 mm×500 mm，红砂石；（2）石表面加工要求及等级：扁光；（3）勾缝形式：加浆勾平缝；（4）砂浆种类、配合比、强度等级：M10干混砌筑砂浆	m^3	5.70
2	020204008001	墙帽	（1）石料种类、构件规格尺寸：红砂石板三层等高叠砌；（2）石表面加工要求及等级：扁光；（3）砂浆种类、配合比、强度等级：M10干混砌筑砂浆	m^3	0.74
3	020204014001	窗框	（1）石料种类、构件规格尺寸：250 mm×100 mm大理石贴壁砌筑；（2）石表面加工要求及等级：扁光；（3）砂浆种类、配合比、强度等级：M10干混砌筑砂浆	m	12.10

3.2.5 石雕刻及镌字计量

下面介绍石雕刻及镌字的计量方法。

（1）石雕刻的计量为：

项目编码：020206001。

计量单位：m^2。

项目特征：1）石料种类、构件规格尺寸、翻样要求；2）石表面加工要求及等级；3）雕刻种类、深度、面积。

工程量计算规则：按设计图示尺寸以雕刻底板外框面积计算。

（2）石板镌字的计量为：

项目编码：020206002。

计量单位：个。

项目特征：1）石料种类、构件规格尺寸；2）石表面加工要求及等级；3）镌字式样、深度、面积。

工程量计算规则：按设计图示以数量计算。

【例 3-5】 某影壁正面图和背面图如图 3-23 所示，正面满刻阴刻线图案和背面阴文文字（文字外接矩形尺寸为 0.5 m×0.5 m）分别雕刻在 5760 mm×1711 mm×200 mm 大理石底板两面，石表面扁光处理，试计算该影壁石雕刻、石板镌字工程量及编制工程量清单。

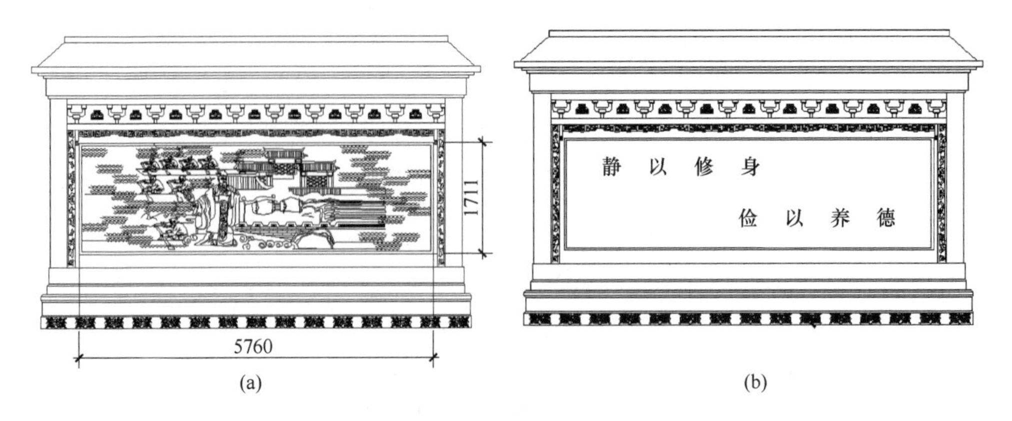

图 3-23　影壁的正面图（a）和背面图（b）

解：石雕刻以 m^2 计量，计算规则按设计图示尺寸以雕刻底板外框面积计算。

石雕刻工程量：$S=5.76\times1.711=9.86$（m^2）

石板镌字以个计量，计算规则按设计图示以数量计算。

石板镌字工程量：$N=8$ 个

石雕刻、石板镌字的工程量清单见表 3-5。

表 3-5　石雕刻、石板镌字的工程量清单

序号	项目编码	项目名称	项 目 特 征	计量单位	工程量
1	020206001001	石雕刻	（1）石料种类、构件规格尺寸、翻样要求：5760 mm×1711 mm×200 mm，大理石； （2）石表面加工要求及等级：扁光； （3）雕刻种类、深度、面积：满刻阴刻线图案	m^2	9.86
2	020206002001	石板镌字	（1）石料种类、构件规格尺寸：5760 mm×1711 mm×200 mm，大理石； （2）石表面加工要求及等级：扁光； （3）镌字式样、深度、面积：阴文文字（文字外接矩形尺寸为 0.5 m×0.5 m）	个	8

4 混凝土及钢筋混凝土工程

4.1 混凝土及钢筋混凝土工程概述

4.1.1 混凝土及钢筋混凝土工程主要构件仿古做法

本节混凝土及钢筋混凝土工程是指在仿古建筑工程中采用混凝土及钢筋混凝土材质，通过模板成型的主体结构构件或附属构件的分部工程，按照是否在施工现场进行浇筑成型，可分为现浇混凝土构件和预制混凝土构件两大类。依据不同部位包括柱、梁、檩（桁）、枋、板及其他构件等。相关构件的概述已在其他章节具体介绍了，本节不再赘述。本节主要介绍混凝土主要构件的仿古做法。

4.1.1.1 柱收分、侧脚、卷杀

中国古代的圆柱子上下两端直径是不相等的，除去瓜柱一类短柱外，任何柱子都不是上下等径的圆柱体，而是根部略粗，顶部略细，这种做法称为“收溜”，又称“收分”。柱子做出收分，既稳定又轻巧，如图4-1(a)所示。

(a)

(b)

图4-1 柱收分和柱顶卷杀

(a) 柱收分实物图；(b) 柱顶卷杀实物图

为了增加建筑形式和结构的稳定性，宋代建筑规定建筑的外檐柱在前后檐方向上向内倾斜柱高的千分之十，在两山方向上向内倾斜柱高的千分之八，而角柱则同时向两个方向都倾斜，这种做法称为“侧脚”，即在柱子垂直中线基础上，将柱脚向外移动一个距离。

卷杀将构件或部位的端部做成缓和的曲线或折线形式，使得构件或部位的外观显得弧形圆曲丰满柔和，如图4-1(b)所示。

4.1.1.2　梁端拔亥、梁底挖底、梁侧面浑面

梁端拔亥是指扁作梁等的两端，两面较梁身各锯去五分之一，又称剥腮，使梁端减薄，易于架置于坐斗或柱子。梁底挖底是指梁底面挖去一些梁高，造成向上栱起的视觉效果。梁侧面浑面是指梁侧边断面呈半圆形。

4.1.1.3　老、仔角梁冲出长度、翘起高度

老、仔角梁冲出长度为仔角梁头比正身檐椽往外延伸的水平投影长度，翘起高度为仔角梁头相对于正身檐椽上升的垂直高度。

4.1.2　混凝土及钢筋混凝土工程工艺与构造

4.1.2.1　现浇混凝土构件工艺与构造

仿古建筑工程现浇混凝土构件种类较多，以下主要介绍柱、梁、枋、檩及特殊构件相关施工工艺与构造。

仿古建筑混凝土柱在施工时，应在柱脚焊接十字定位筋后立柱子主筋，柱子主筋在卷杀处应向内部弯折，弯折尺寸应根据卷杀尺寸设置。圆柱可采用螺旋箍筋，半圆半方的异形柱箍筋可采用圆箍套方箍的方式布置，采用22号铅丝将其和主筋绑扎牢固。仿古建筑混凝土梁、枋、檩采用的钢筋按照设计要求进行制作和安装，其规格、形状、尺寸、数量、间距、接头位置、锚固长度除必须符合设计要求外，尚应符合现行国家标准规定。模板可采用钢模板、硬质塑料管，当采用木模板时应符合下列规定。

圆柱正身段模板可采用定制圆形覆膜木质胶合板，将两块定制的半圆形木模板拼在一起，柱脚模板紧靠十字定位筋，用30 mm宽镀锌铁皮柱箍将柱身箍紧，铁皮顶端螺栓拧紧，镀锌铁皮每400 mm间距设置一道。模板接缝处应严密，上下两段模板接缝处加设一道铁箍。模板固定完毕后，采用经纬仪检查柱子垂直度。柱卷杀处模板可采用三角形木条拼接制作。将木板挖去半圆来制作凹形柱箍，在其内侧钉40 mm宽、40 mm厚的一边带弧形的三角木条作为竖肋，将三角木条挤压拼凑形成圆弧模，并在三角木条上钉一层0.75 mm厚的镀锌铁皮，两块相同的圆弧模组成一套圆柱模板。直径较大或高度较高的收分柱子，宜适当加密内三角木，增加木模的刚度或厚度。卷杀处木模具加固采用钢管箍加固，顺柱高方向按200 mm一道设置，两块模板对接处采用螺栓紧固，用木楔将空隙处塞满，并用铁丝将模板全部缠紧加固。直径较大的柱子还可在模板中间穿对拉螺杆，柱卷杀处也可以采用玻璃钢等定制模板。

矩形和方形柱模板可采用覆膜木质胶合板制作。根据模板设计制作完毕，将

模板运至安装位置，将制作完毕的模板按照放线尺寸拼接在一起，模板底紧靠十字定位筋，模板外采用 60 mm × 80 mm 方木作为龙骨，间距柱高度方向设置。枋、檩模板可采用木质组合木模板，枋和垫板可采用覆膜木质胶合板，檩可采用定制圆形覆膜木质胶合板。模板制作时，应计算确定枋、檩及垫板的高度和长度尺寸，裁取模板，将枋、垫板、檩模板组合在一起。垫板侧模外加方木内衬，模板和内衬用铁钉钉牢。檩模板外侧加木楔将模板固定，用铁钉钉牢防止移位。檩上留混凝土浇筑口。模板制作好以后编号分类码放。

角梁、月牙梁等特殊形状的梁可按照 1：1 实物放样。在平整的地面放上覆膜木质胶合板，根据设计尺寸在胶合板上分别弹出梁底板和侧板的模板边线，然后根据放出的模板边线制作出梁底模和侧模。当梁头或梁身有特殊造型时，将预制好的造型胎体安装在梁底板或侧板上，并在制作完毕的模板上刷脱模剂。

在脚手架上搭设梁支撑横杆，调节横杆确定梁的高度，高度调节完毕以后铺设梁底模板，在底模两侧安装扣件将其固定，防止底模移位，最后安装梁侧模板，模板接缝处应密封严密。梁模板底部和侧面采用方木做龙骨，梁侧模板采用 ϕ48 mm 钢管固定，防止模板变形，梁顶部采用卡具卡牢固定。

混凝土浇筑前，应将模板内的木屑、泥土等杂物清理干净。柱混凝土浇筑之前，应先在底部垫一层 50 mm 左右厚与混凝土配合比相同的减石混凝土，混凝土应分层浇筑，使用插入式振捣器时每层厚度不大于 500 mm，振捣棒在振捣过程中不得碰触预埋件。柱高度在 3 m 以内时可直接从顶部下料浇筑；柱高度超过管辅助浇筑。梁、枋、檩与柱连续浇筑时，应在柱浇筑完毕后停歇 1 ~ 1.5 h 时，采用串桶或软导管再浇筑。枋、檩组合浇筑时，宜采用小直径振捣棒振捣。枋、檩及屋面板应同时浇筑，浇筑方法用“赶浆压茬法”，即先浇筑檩，根据枋檩高度分层浇筑成梯形，当到达板底时再与板混凝土一起浇筑，向前推进。柱施工缝宜留设在梁底。梁、枋、檩施工缝宜留置在距梁端 1/3 跨度范围内，施工缝表面应与梁轴线或板面垂直，不得留斜槎。屋面板混凝土浇筑时先檐口，再依次由下向上浇注整个屋面，控制屋面坡度。屋面用混凝土坍落度选择 100 ~ 120 mm 为宜。混凝土浇筑完后用塑料薄膜及棉毡覆盖，定期对混凝土进行浇水养护，在夏季施工中宜增加浇水次数。

4.1.2.2 预制混凝土构件工艺与构造

仿古建筑工程预制混凝土构件种类较多，以下介绍预制椽子相关施工工艺与构造。

预制椽子施工放样时，对无法从图纸上量取的尺寸，在施工现场按 1：1 比例制作实际模型以供施工放样参考。计算预制椽子尺寸时，根据椽子的类型、数量、尺寸，制作每种椽子加工计划单。标准椽尺寸可以从图纸上得到，计算翼角椽椽长时考虑起翘、出翘。混凝土椽子分为标准椽、翼角椽两大类进行预制。根据计算出的椽子尺寸进行模板制作。为确保椽子出模后效果，宜选用镜面胶合板或钢模板。标准椽数量较大，可根据工程的具体情况对模具进行周转。标准椽模具制作时，椽头挡板及两边侧模装钉方正、牢固。椽尾挡板开口便于钢筋穿过，开口宽度以不漏浆为宜；椽尾挡板设置斜度，并符合放样尺寸。翼角椽长短不一，靠近老角梁处最长，依次递减。翼角椽多为单数，模具制作时椽头大、椽尾小，成楔形。翼角椽模板宜成对制作，以确保翼角部位不同方向的同一位置翼角椽尺寸一致。椽子模具制作时，在椽子顶面两侧根据望板厚度留置企口用于望板的铺设，椽子和望板组成屋面现浇板的底模。椽子顶部企口采用方木条成型控制，方木条牢固、平整、顺直。在檐椽、飞椽头部40 mm不用设置企口，用于出檐。模具两侧采用槽钢进行加固，花篮螺丝紧固，紧固后拉对角线长度检查，防止出现变形，不得使模板跑位。模板均应涂刷脱模剂，宜选用水质脱模剂，涂刷时薄而均匀。椽子挂筋、主筋应按图纸设计要求预留锚固长度。箍筋与主筋之间进行点焊连接，增加预制钢筋笼的整体性。大于 2 m 的椽子由于起吊质量较大，在椽子中部容易折损，故应在此部位配几根构造钢筋。吊装时挂筋朝上，两端两点起吊。挂椽施工时将椽子预留锚固钢筋伸入屋面板及檩梁内，待安装椽子后与屋面板筋结合后在现场安装弯钩。宜在上部双向网筋十字搭界处弯钩，有利于椽与板的整体结合。翼角椽尾尺寸较窄，通常为60～80 mm，正确安装钢筋，确保保护层的厚度。

混凝土椽子预制施工时，需在坚固、光洁、平整的场地上进行，底模铺设应进行平整度检查，防止翘曲现象。浇筑椽子混凝土时，宜选用微型振动棒振捣，应充分振捣好两端，确保混凝土密实。混凝土振捣时间宜短不宜长，无法用振动棒振捣的椽子，采用短钢筋人工振捣。翼角椽椽头大、椽尾小，加强此部位的振捣、养护，确保混凝土质量。采用陶粒混凝土代替普通混凝土预制椽子时，搅拌时间应控制在3～5 min，控制混凝土的原材料质量及施工配合比，以控制构件成型后的质量。椽子模具拆模时应采取措施保护椽子棱角不被破坏。拆除模具清理干净并进行维修，刷脱模剂二次备用。

标准椽定位放线在地面上放出标准椽的平面位置线，复核其准确性，误差不超过2 mm。檐口轴线采用吊线向上传递，严格控制屋面檐口标高。预制标准椽安装施工架体搭设根据工程现场特点进行脚手架的设计及验算，配合主体构架的施工，考虑檐口、翼角部位的安全可靠性。檐口标高控制确保水平，支撑椽子的底板标高准确，误差不超过 2 mm。按照标高控制点平铺支撑及底板，用椽样板检验，以椽头下平紧顶底板为标准。标准椽安装椽子根部檩梁模板在加工时，先按照椽径以及椽档尺寸制一杖杆，用杖杆标定椽子在檩梁模上的位置线，按此线挖掉椽子部分（卡口模板），留下牙齿状（椽档）部分，牙口大小准确（椽径），间距匀称（椽档净距），椽档净口尺寸误差控制在 2 mm 内，在卡口模板侧面钉木楔固定，以使混凝土不外流、不跑模；安装模板时，要求脊檩模板与金檩、檐檩模板的对应牙口对正，可以用龙口线分间校正。安装好封檐板后，按卡口模板上的企口位置安装椽子即可。挂椽顺序为脑椽、槽椽、檐椽（如有飞椽则包括飞椽），为使三椽直顺，可用方尺检查。卡口模板的配制及安装准确，则脑椽、槽椽可以达到与檩条垂直的要求，可用方尺校正；檐椽可以通过槽椽，用直尺靠检查校正。确保椽子的出檐准确，宜在底板上设置通长挡板，以限制椽头位置并防止下滑。所有椽头紧顶挡板，达到出檐整齐一致。在安完檐椽后，定好檐口飞椽的位置，按线放好飞椽，并在飞椽头设置定位卡板限制左右偏移，用直尺靠直，使飞椽与檐椽直顺一线。三椽安装时整体伸入檩梁 10～20 mm。三椽锚固钢筋从檩梁侧面锚入，与檩梁箍筋、主筋焊接，上部预留挂筋锚入屋面板。椽尾用 ϕ8 mm 通长钢筋进行定位焊接。

在工程中制作翼角椽起翘曲线板或起翘定位专用支架，施工时将起翘曲线板固定于支架端头上，垫升椽子底部，使椽子下平紧顶起翘曲线板，即完成起翘，达到弧度的控制，用翼角定型套板检查起翘、出翘。由于混凝土预制的翼角椽截面是正方形，而翼角椽靠近角梁的一边升起较大，所以大头楔的大头宜朝向角梁或椽根部。最接近标准椽的翼角椽的根部做法为：一边成楔形，另一边与标准椽平行，且翘度较小。另外翼角处出挑，各个翼角椽出挑程度不一，造成此处椽档也不一样，加上含有飞椽，宜多次反复调整，确保位置。翼角椽椽尾预留钢筋锚入檩梁内，并与檩梁钢筋焊接，上部预留筋插入屋面板，锚固长度应符合设计要求。

4.2 混凝土及钢筋混凝土工程工程量清单编制

采用工程量清单计价方法，其目的是由招标人提供工程量清单，投标人通过工程量清单复核，结合企业管理水平，依据市场价格水平、行业成本水平及所掌握的价格信息自主报价。工程量清单“五大要件”中的项目编码、项目名称、项目特征、计量单位已在第 1 章做了详细介绍，本节不再赘述。工程量清单项目中工程量计算正确与否，直接关系到工程造价确定的准确合理与否，因而正确掌握工程量清单中工程量计算方法，对于计量人及投标人都很重要，否则将给招标方、投标方均带来相关风险。本节主要依据《计价规范》和《仿古建筑工程工程量计算规范》（以下简称《工程量清单计量规范》）对混凝土及钢筋混凝土工程的工程量计算规则和计量进行介绍。

混凝土及钢筋混凝土工程在《工程量清单计量规范》位于“附录 D　混凝土及钢筋混凝土工程”下，涉及清单项目中包括现浇混凝土柱、现浇混凝土梁、现浇混凝土檩（桁）与枋、现浇混凝土板、现浇混凝土其他构件、预制混凝土柱、预制混凝土梁、预制混凝土屋架、预制混凝土檩（桁）与枋、预制混凝土板、预制混凝土椽子、预制混凝土其他构件等分项工程。

《工程量清单计量规范》关于混凝土及钢筋混凝土工程量清单编制有关说明：

（1）混凝土构件按体积计算工程量时不扣除构件内钢筋、铁件、螺栓所占体积。

（2）混凝土基础、圈梁、构造柱等现代做法构件以及钢筋项目均按现行国家标准《房屋建筑与装饰工程工程量计算规范》（GB 50854）“附录 E　混凝土及钢筋混凝土”中相应项目编码列项。

（3）预制构件的安装高度在招标文件规定的预算定额基本高度以下者，可以不作描述。安装高度净高如下：1）柱：无地下室底层是指交付施工场地地面至上层板底面、楼层板顶面至上层板底面（无板时至柱顶）；2）梁、枋、檩（桁）：无地下室底层是指交付施工场地地面至上层板底面、楼层板顶面至上层板底面（无板时至梁、枋、桁顶面）；3）板：无地下室底层是指交付施工场地地面至上层板底面、楼层板顶面至上层板底面。

（4）混凝土种类包括现场搅拌混凝土、商品混凝土、防水混凝土、加颜料混凝土等。

4.2.1　现浇混凝土柱计量

现浇混凝土柱包括矩形柱、圆形柱、异形柱等，下面介绍它们的计量方法。

（1）矩形柱的计量为：

项目编码：020401001。

计量单位：m^3。

项目特征：1）柱收分、侧脚、卷杀尺寸；2）混凝土种类、强度等级；3）模板种类。

工程量计算规则：按设计图示尺寸柱高乘以最大圆形或矩形截面面积以体积计算。柱高：1）柱高按柱基上表面至柱顶面的高度计算；2）有梁板的柱高按柱基上表面至楼板上表面的高度计算；3）有楼隔层的柱高按柱基上表面或楼板上表面至楼板上表面或上一层楼板上表面的高度计算。

（2）圆形柱的计量为：

项目编码：020401002。

计量单位：m^3。

项目特征：1）柱收分、侧脚、卷杀尺寸；2）混凝土种类、强度等级；3）模板种类。

工程量计算规则：按设计图示尺寸柱高乘以最大圆形或矩形截面面积以体积计算。柱高：1）柱高按柱基上表面至柱顶面的高度计算；2）有梁板的柱高按柱基上表面至楼板上表面的高度计算；3）有楼隔层的柱高按柱基上表面或楼板上表面至楼板上表面或上一层楼板上表面的高度计算。

（3）异形柱（多边形柱）的计量为：

项目编码：020401003。

计量单位：m^3。

项目特征：1）柱截面形状；2）混凝土种类、强度等级；3）模板种类。

工程量计算规则：按设计图示尺寸柱高乘以最大圆形或矩形截面面积以体积计算。柱高：1）柱高按柱基上表面至柱顶面的高度计算；2）有梁板的柱高按柱基上表面至楼板上表面的高度计算；3）有楼隔层的柱高按柱基上表面或楼板上表面至楼板上表面或上一层楼板上表面的高度计算。

（4）童（瓜）柱，又名侏儒柱、蜀柱、矮柱、金墩、童墩、挂童或叫作立人枋，其计量为：

项目编码：020401004。

计量单位：m^3。

项目特征：1）柱收分、卷杀尺寸；2）混凝土种类、强度等级；3）模板种类。

工程量计算规则：按设计图示尺寸柱高乘以最大圆形或矩形截面面积以体积计算，高度按梁上表面至柱顶面的高度计算。

（5）柁墩（多边形柱）的计量为：

项目编码：020401005。

计量单位：m^3。

项目特征：1）柁墩截面形状；2）混凝土种类、强度等级；3）模板种类。

工程量计算规则：按设计图示尺寸柱高乘以最大圆形或矩形截面面积以体积计算，高度按梁上表面至柱顶面的高度计算。

（6）垂柱（多边形柱）的计量为：

项目编码：020401006。

计量单位：m^3。

项目特征：1）柱截面形状、花纹要求；2）混凝土种类、强度等级；3）模板种类。

工程量计算规则：按设计图示尺寸柱高乘以最大圆形或矩形截面面积以体积计算，高度按柱底至柱顶的高度计算。

（7）雷公柱，又名灯芯木（多边形柱），其计量为：

项目编码：020401007。

计量单位：m^3。

项目特征：1）雷公柱截面形状；2）混凝土种类、强度等级；3）模板种类。

工程量计算规则：按设计图示尺寸柱高乘以最大圆形或矩形截面面积以体积

计算，高度按梁上表面至雷公柱顶面或老戗根上表面至雷公柱顶面的高度计算。

【例4-1】 某仿古建筑主体工程采用钢筋混凝土框架结构，局部柱、承重梁平面布置图如图4-2所示，柱、梁混凝土均采用商品混凝土C30，采用复合模板。框柱KZ1为收分圆柱，柱子脚部直径为ϕ500 mm，柱全高6.6 m，柱子收分做法将柱长均分为三段，对其上1/3段再均分成三段，每段柱顶往内收分2 cm，试计算图示圆柱的工程量及编制其工程量清单。

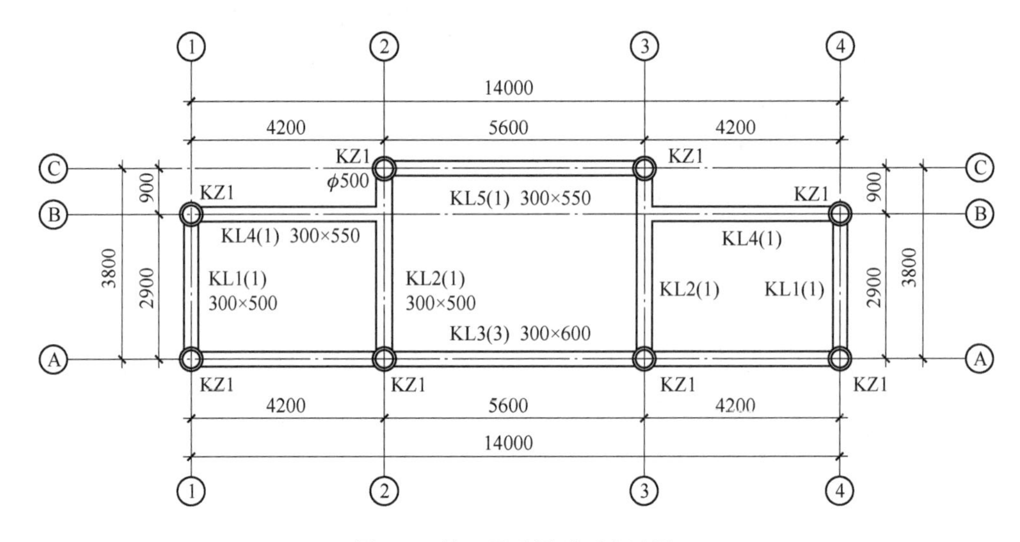

图4-2　柱、承重梁平面布置图

解： 圆形柱以m³计量，计算规则为按设计图示尺寸柱高乘以最大圆形截面面积以体积计算。

圆形柱工程量：$V=3.14\times0.5\times(0.5/4)\times6.6\times8=10.36$（$m^3$）

圆形柱的工程量清单见表4-1。

表4-1　圆形柱的工程量清单

序号	项目编码	项目名称	项 目 特 征	计量单位	工程量
1	020401002001	圆形柱	（1）柱收分尺寸：柱长均分为三段，对其上1/3段再均分成三段，每段柱顶往内收分2 cm；（2）混凝土种类、强度等级：C30商品混凝土；（3）模板种类：复合模板	m^3	10.36

4.2.2　现浇混凝土梁计量

现浇混凝土梁包括矩形梁、圆形梁、异形梁等，下面介绍它们的计量方法。

（1）矩形梁的计量为：

项目编码：020402001。

计量单位：m^3。

项目特征：1）梁上表面卷杀、梁端拔亥、梁底挖底、梁侧面浑面尺寸；2）混凝土种类、强度等级；3）模板种类。

工程量计算规则：按设计图示尺寸梁长乘以最大圆形或矩形截面面积以体积计算。梁长：1）梁与柱连接时，梁长计算至柱侧面；2）主梁与次梁连接时，次梁长计算至主梁侧面；3）梁与墙连接时，嵌入墙体部分并入梁身体积。

矩形梁项目包括扁作梁、承重、搭角梁等。圆形梁项目包括搭角梁等。异形梁项目包括虾弓梁（虹梁）等。

（2）圆形梁的计量为：

项目编码：020402002。

计量单位：m^3。

项目特征：1）圆梁抬势尺寸；2）混凝土种类、强度等级；3）模板种类。

工程量计算规则：按设计图示尺寸梁长乘以最大圆形或矩形截面面积以体积计算。梁长：1）梁与柱连接时，梁长计算至柱侧面；2）主梁与次梁连接时，次梁长计算至主梁侧面；3）梁与墙连接时，嵌入墙体部分并入梁身体积。

（3）异形梁的计量为：

项目编码：020402003。

计量单位：m^3。

项目特征：1）梁截面形状；2）混凝土种类、强度等级；3）模板种类。

工程量计算规则：按设计图示尺寸梁长乘以最大圆形或矩形截面面积以体积计算。梁长：1）梁与柱连接时，梁长计算至柱侧面；2）主梁与次梁连接时，次梁长计算至主梁侧面；3）梁与墙连接时，嵌入墙体部分并入梁身体积。

（4）弧形、拱形梁的计量为：

项目编码：020402004。

计量单位：m^3。

项目特征：1）梁截面形状；2）混凝土种类、强度等级；3）模板种类。

工程量计算规则：按设计图示尺寸梁长乘以最大圆形或矩形截面面积以体积计算。梁长：1）梁与柱连接时，梁长计算至柱侧面；2）主梁与次梁连接时，次梁长计算至主梁侧面；3）梁与墙连接时，嵌入墙体部分并入梁身体积。

（5）荷包梁的计量为：

项目编码：020402005。

计量单位：m^3。

项目特征：1）荷包梁曲势尺寸；2）混凝土种类、强度等级；3）模板种类。

工程量计算规则：按设计图示尺寸梁长乘以最大圆形或矩形截面面积以体积计算。梁长：1）梁与柱连接时，梁长计算至柱侧面；2）主梁与次梁连接时，次梁长计算至主梁侧面；3）梁与墙连接时，嵌入墙体部分并入梁身体积。

（6）老、仔角梁的计量为：

项目编码：020402006。

计量单位：m^3。

项目特征：1）老、仔角梁冲出长度、翘起高度；2）混凝土种类、强度等级；3）模板种类。

工程量计算规则：按设计图示尺寸梁长乘以最大圆形或矩形截面面积以体积计算。老、仔角梁冲出长度为仔角梁头比正身檐椽往外延伸的水平投影长度，翘起高度为仔角梁头相对于正身檐椽上升的垂直高度。

（7）预留部位浇捣的计量为：

项目编码：020402007。

计量单位：m^3。

项目特征：1）柱、枋、云头等交叉部分连接要求；2）预留部位截面尺寸；3）混凝土种类、强度等级；4）模板种类。

工程量计算规则：按设计图示尺寸以体积计算。预留部位浇捣系指装配式柱、枋、云头交叉部位需电焊后浇制混凝土的部分。

【例 4-2】 某仿古建筑主体工程采用钢筋混凝土框架结构，局部柱、承重梁平面布置图如图 4-2 所示，柱、梁混凝土均采用商品混凝土 C30，采用复合模板，试计算图示承重梁的工程量及编制其工程量清单。

解：矩形梁以 m^3 计量，计算规则为按设计图示尺寸梁长乘以最大矩形截面面积以体积计算。

矩形梁工程量：

KL1：$V_1 = 0.3 \times 0.5 \times (2.9 - 0.5) \times 2 = 0.72$（$m^3$）

KL2：$V_2 = 0.3 \times 0.5 \times (3.8 - 0.5) \times 2 = 0.99$（$m^3$）

KL3：$V_3 = 0.3 \times 0.6 \times (14 - 0.5 \times 3) = 2.25$（$m^3$）

KL4：$V_4 = 0.3 \times 0.55 \times (4.2 - 0.5/2 - 0.3/2) \times 2 = 1.25$（$m^3$）

KL5：$V_5 = 0.3 \times 0.55 \times (5.6 - 0.5) = 0.84$（$m^3$）

矩形梁工程量合计：$V = 0.72 + 0.99 + 2.25 + 1.25 + 0.84 = 6.05$（$m^3$）

矩形梁的工程量清单见表 4-2。

表 4-2 矩形梁的工程量清单

序号	项目编码	项目名称	项 目 特 征	计量单位	工程量
1	020402001001	矩形梁	（1）混凝土种类、强度等级：C30 商品混凝土； （2）模板种类：复合模板	m^3	6.05

【例 4-3】 某仿古建筑屋面老、仔角梁为钢筋混凝土整体式，如图 4-3 所示，整体老、仔角梁最大矩形截面尺寸为 100 mm×400 mm，混凝土均采用商品混凝土 C30，采用复合模板，试计算图示老、仔角梁的工程量及编制其工程量清单。

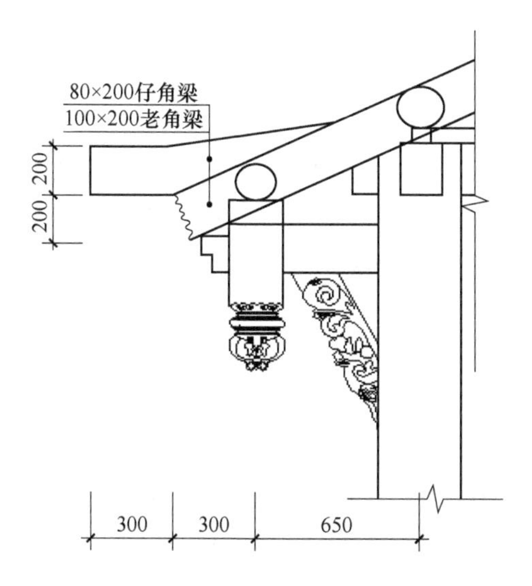

图 4-3 钢筋混凝土整体式老、仔角梁

解： 老、仔角梁以 m^3 计量，计算规则为按设计图示尺寸梁长乘以最大圆形或矩形截面面积以体积计算。

老、仔角梁工程量：$V=0.4\times0.1\times(0.3+0.3+0.65)=0.05\ (m^3)$

老、仔角梁的工程量清单见表 4-3。

表 4-3 老、仔角梁的工程量清单

序号	项目编码	项目名称	项 目 特 征	计量单位	工程量
1	020402006001	老、仔角梁	（1）老、仔角梁冲出长度、翘起高度：300 mm、200 mm； （2）混凝土种类、强度等级：C30 商品混凝土； （3）模板种类：复合模板	m^3	0.05

4.2.3　现浇混凝土檩（桁）、枋计量

下面介绍现浇混凝土檩（桁）、枋的计量方法。

（1）矩形檩（桁）的计量为：

项目编码：020403001。

计量单位：m^3。

项目特征：1）混凝土种类、强度等级；2）模板种类。

工程量计算规则：按设计图示尺寸构件长乘以最大圆形或矩形截面面积以体积计算。1）与柱交接时，其长度算至柱侧面；2）与墙连接时，嵌入墙体部分并入桁、枋、大木三件内。

（2）圆形檩（桁）的计量为：

项目编码：020403002。

计量单位：m^3。

项目特征：1）混凝土种类、强度等级；2）模板种类。

工程量计算规则：按设计图示尺寸构件长乘以最大圆形或矩形截面面积以体积计算。1）与柱交接时，其长度算至柱侧面；2）与墙连接时，嵌入墙体部分并入桁、枋、大木三件内。

（3）枋子的计量为：

项目编码：020403003。

计量单位：m^3。

项目特征：1）混凝土种类、强度等级；2）模板种类。

工程量计算规则：按设计图示尺寸构件长乘以最大圆形或矩形截面面积以体积计算。1）与柱交接时，其长度算至柱侧面；2）与墙连接时，嵌入墙体部分并入桁、枋、大木三件内。

（4）替木，又名连机，其计量为：

项目编码：020403004。

计量单位：m^3。

项目特征：1）混凝土种类、强度等级；2）模板种类。

工程量计算规则：按设计图示尺寸构件长乘以最大圆形或矩形截面面积以体积计算。1）与柱交接时，其长度算至柱侧面；2）与墙连接时，嵌入墙体部分并入桁、枋、大木三件内。

（5）大木三件的计量为：

项目编码：020403005。

计量单位：m^3。

项目特征：1）混凝土种类、强度等级；2）模板种类。

工程量计算规则：按设计图示尺寸构件长乘以最大圆形或矩形截面面积以体积计算。1）与柱交接时，其长度算至柱侧面；2）与墙连接时，嵌入墙体部分并入桁、枋、大木三件内。大木三件为檩（桁）条、垫板、枋三种构件一次性立模板、同时浇筑混凝土成形的构件。

（6）双檩（桁）的计量为：

项目编码：020403006。

计量单位：m^3。

项目特征：1）混凝土种类、强度等级；2）模板种类。

工程量计算规则：按设计图示尺寸构件长乘以最大圆形或矩形截面面积以体积计算。1）与柱交接时，其长度算至柱侧面；2）与墙连接时，嵌入墙体部分并入桁、枋、大木三件内。

【例4-4】 某仿古建筑混凝土檩条、垫板、枋整体现浇为大木三件，如图4-4所示，自上而下为截面直径 ϕ150 mm 檩条、截面尺寸 60 mm×120 mm 垫板、截面尺寸 160 mm×360 mm 枋，混凝土均采用商品混凝土 C30，采用复合模板，试计算图示大木三件的工程量及编制其工程量清单。

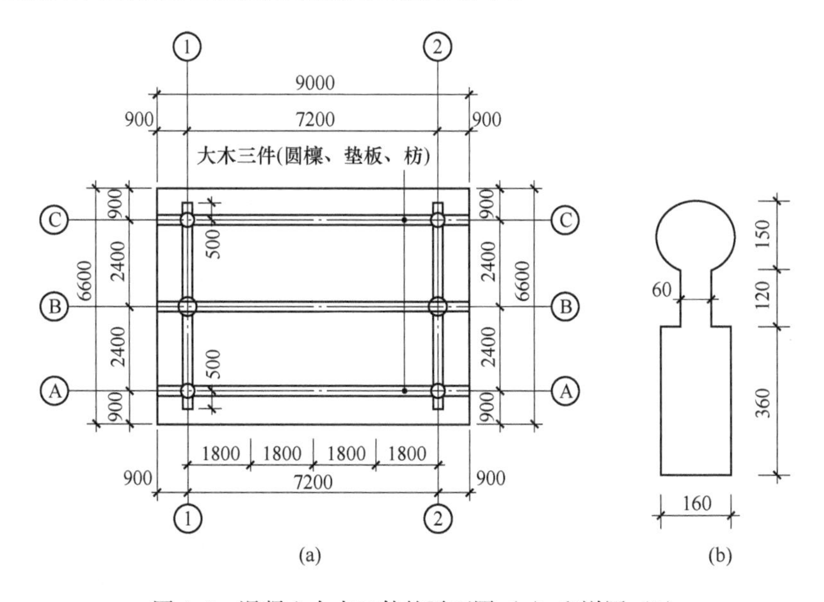

图4-4 混凝土大木三件的平面图（a）和详图（b）

解： 大木三件以 m^3 计量，计算规则为按设计图示尺寸构件长乘以最大圆形或矩形截面面积以体积计算。（1）与柱交接时，其长度算至柱侧面；（2）与墙连接时，嵌入墙体部分并入桁、枋、大木三件内。

大木三件工程量：$V = (0.16 \times 0.36 + 0.06 \times 0.12 + 3.14 \times 0.15 \times 0.15/4) \times 9 \times 3 = 2.23$（$m^3$）

大木三件的工程量清单见表4-4。

表4-4　大木三件的工程量清单

序号	项目编码	项目名称	项 目 特 征	计量单位	工程量
1	020403005001	大木三件	(1) 混凝土种类、强度等级：C30 商品混凝土； (2) 模板种类：复合模板	m^3	2.23

5　木 作 工 程

5.1　木作工程概述

5.1.1　木作工程主要构件

木作工程是指仿古建筑工程中包括木屋架和木装饰中，各种木构件的制作和安装工作，例如木柱、木梁、檩（桁）、枋、替木、楞木、承重、椽、翼角、斗栱、木作配件、古式门窗、古式栏杆、鹅颈靠背、倒挂楣子、飞罩、墙、地板及天花、匾额、楹联及博古架等。

5.1.1.1　木柱

木柱依构件截面形式不同，可分为圆柱、方柱、异形柱（多边形柱）等，根据不同部位木柱又可分为廊柱、步柱、童（瓜）柱、雷公柱、垂柱、草架柱等。圆柱用设计直径表示，一般以柱头直径为准，常见柱子有收分处理，即上下两端直径是不相等的，将柱径做成脚大头小的一种处理，也称杀梭柱，如图 5-1 所示。方柱和异形柱（多边形柱）是指柱子截面形状为矩形或多边形。

(a)

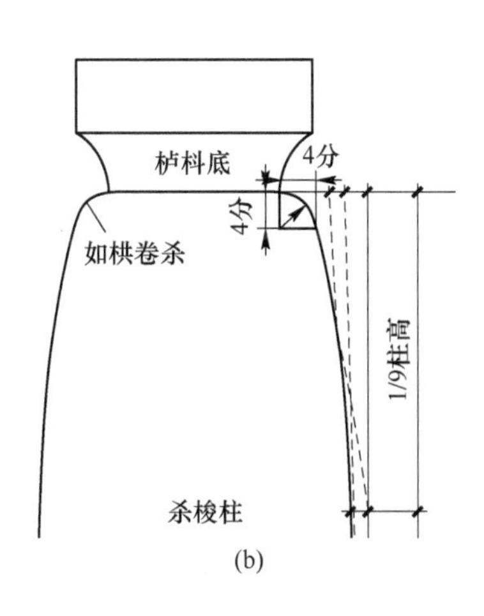

(b)

图 5-1　收分柱实物图和示意图
（a）收分柱实物图；（b）收分柱示意图

檐柱是指屋檐部位的柱子，也称为廊柱，即指檐廊外侧的柱子，这是指单檐建筑的檐柱。但在重檐建筑中，上层檐的檐柱，除用底层金柱向上伸出代替外，还可采用一种不落地的矮柱，以便增加上层檐的檐口宽度，这种矮柱称为“童柱”，如图 5-2(a) 所示。金柱分为单檐金柱（又称为步柱）、重檐金柱。瓜（蜀）柱是设在屋架梁之间需要的垂直传力构件，高的为“瓜柱”，矮的为“柁墩”，对应也称为“侏儒柱”或“蜀柱”。雷公柱是山面脊桁（檩）向外推长后设置的承托构件，如图 5-2(b) 所示，例如把庑殿木构架的脊桁（檩）向外推长一个距离后，就可使庑殿山面的坡屋顶变得更为陡峻，借以增添屋面的曲线美。

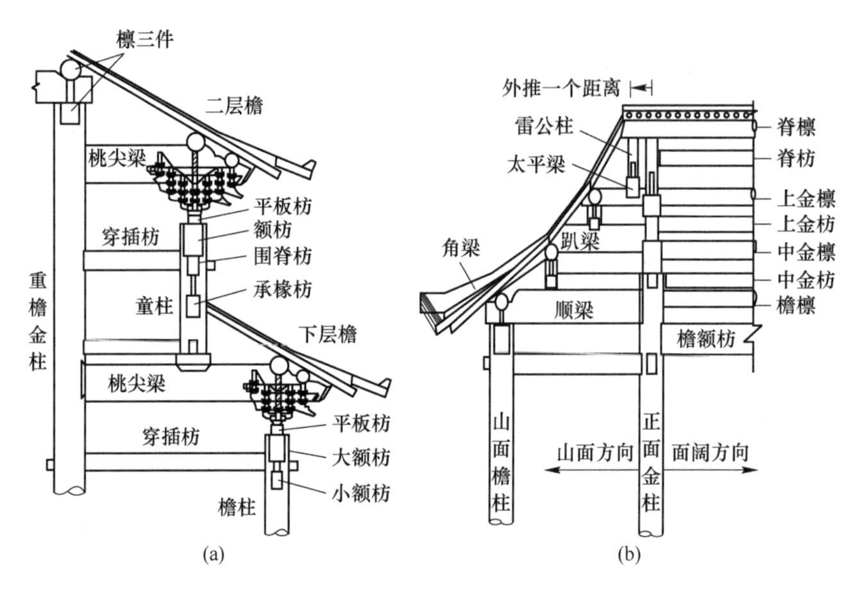

图 5-2　童柱和雷公柱示意图

(a) 童柱示意图；(b) 雷公柱示意图

垂柱上端功用与檐柱相同，下部悬空的垂柱，端头上常有莲花雕饰，故常也称垂莲柱，常用于檐口、垂花门或牌楼门的四角上，如图 5-3(a) 所示。草架柱是支撑歇山部分檩木的支柱，每个檩木一根，在柱顶凿剔椀槽，以承接脊檩和上金檩，柱脚做榫插入踏脚木卯口内，如图 5-3(b) 所示，草架柱断面常为呈方形的小柱，既支撑梢檩，又可作为钉附山花板的龙骨。

5.1.1.2　木梁

木梁是指承受屋面荷载的主梁，依据构件截面形式不同，可分为圆梁、矩形梁等，根据木梁以上架设的檩木根数不同又可分为尖顶屋面的三架梁、五架梁等架梁，如在本梁以上有三根檩木就称为“三架梁”，有五根檩木就称为“五架梁”，如此类推，分为三架梁、五架梁、七架梁等，又如卷棚屋面双步、四、六、八架梁等，如图 5-4 所示。

(a)

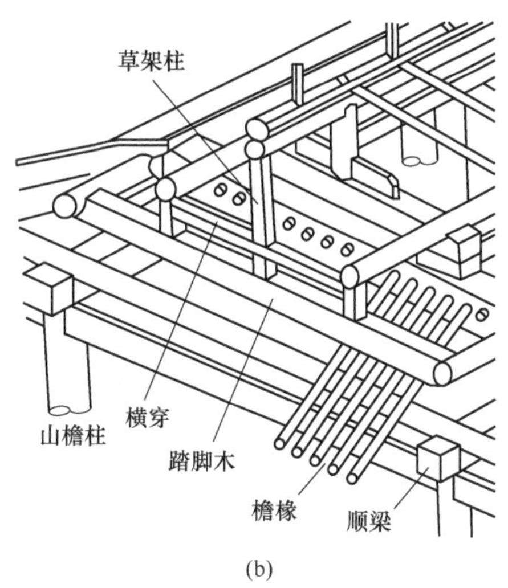

(b)

图 5-3 垂柱实物图和草架柱示意图

(a) 垂柱实物图；(b) 草架柱示意图

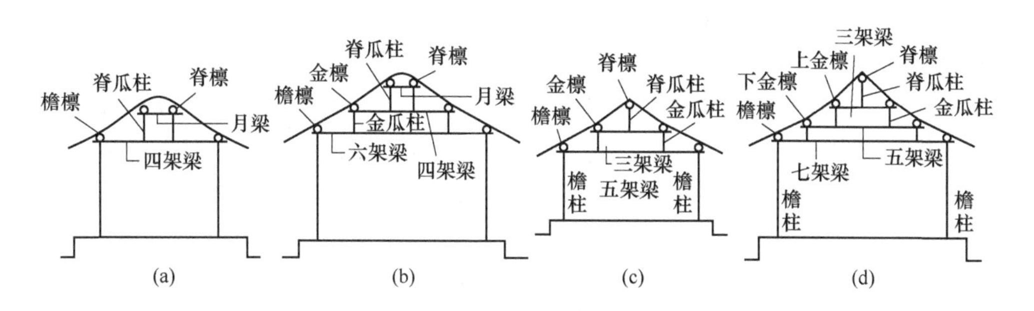

图 5-4 木架梁示意图

(a) 卷棚四架梁；(b) 卷棚六架梁；(c) 尖顶五架梁；(d) 尖顶七架梁

假梁头是指在檐柱顶上没有承重的梁身，只有梁头搁置在柱顶上的构件。它主要用于歇山构架采用趴梁法时，由于趴梁的位置是下金枋所处的位置，其作用替代顺梁，而趴梁是趴在山面檐檩上，该檐檩下与其下柱头之间的位置就空了，因此，就需用一个梁头安装在山面檐柱上，以承托山面檐檩。假梁头根据是否有无斗栱，按相应的抱头梁或桃尖梁的梁头制作。抱头梁是指梁的外端端头上承接有桁檩木（俗称抱头）的檐（廊）步横梁，它位于檐柱与金柱之间，承接檐（廊）步屋顶上檩木所传荷重的横梁。依其端头形式不同，分为素方抱头梁（一般简称抱头梁，用于无斗栱建筑）和桃（或挑）尖梁（用于有斗栱建筑）。如果其上有多根檩木，将廊步分成多步而设置梁者，分别称为单步梁、双步梁、三步梁等。桃尖梁的形式如图 5-5 所示。

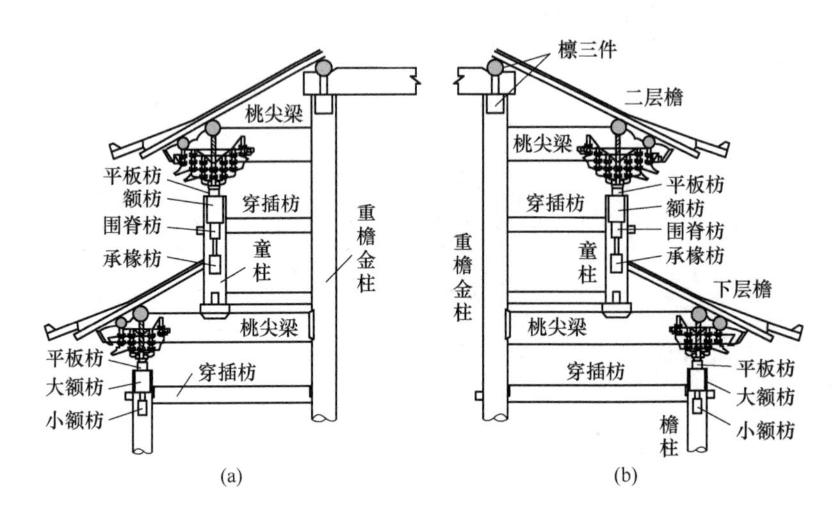

图 5-5　桃尖梁示意图

5.1.1.3　檩（桁）、枋、替木

桁（檩）搁置在屋架梁的两端，是屋面的承托构件，大式的称“桁”，小式的称“檩”，按截面形式可分为圆檩（桁）和方檩（桁）。桁（檩）是承托屋面木基层，并将其荷重传递给梁柱的构件，桁（檩）木依据不同位置分别称为脊檩（桁）、轩檩（桁）、檐檩（桁）、挑檐檩（桁）等，为加强各个木排架之间的纵向整体稳定性，清制构件在桁（檩）木之下，设有垫板和枋木，因为这三件总是连在一起制作安装，故称为“檩三件”，如图 5-6(a)所示。扶脊木，又称帮脊木，是用于尖山屋顶正脊处，铺钉在脊桁（檩）上，用于载置脊桩（即作为屋脊骨撑）和承接椽子的条木，一般做成六角形截面，上面载脊桩，两侧剔凿椽椀窝，对于具有较高大正脊屋顶的建筑，可大大加强其正脊的稳定性，如图 5-6(b)所示。

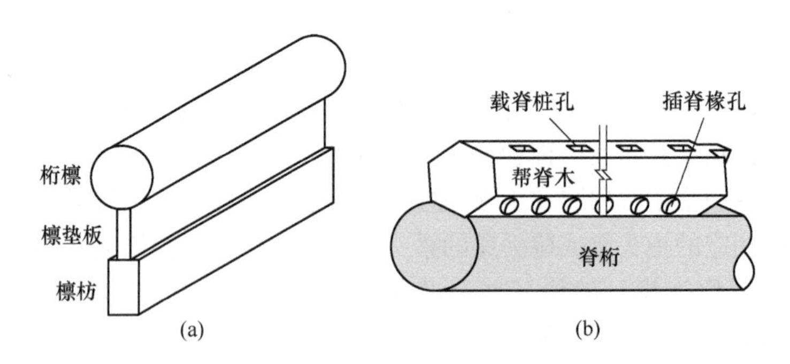

图 5-6　“檩三件”和扶脊木示意图
(a)“檩三件”示意图；(b) 扶脊木示意图

一栋房屋的整体构架是由横向木枋将其各个排架柱联系起来的，以加强木构架的整体稳定性，这种枋称为“额枋”。额枋是指在面阔方向连接排架檐柱的横向木，因多在迎面大门之上，故称为“额”，为矩形截面。依使用位置不同，分为大、小额枋和单额枋等，其中单额枋是指檐枋，因为在无斗栱建筑中，它是檐柱之间的唯一联系枋木，所以称为“单额”，又称阑额或廊枋，如图 5-7 所示。

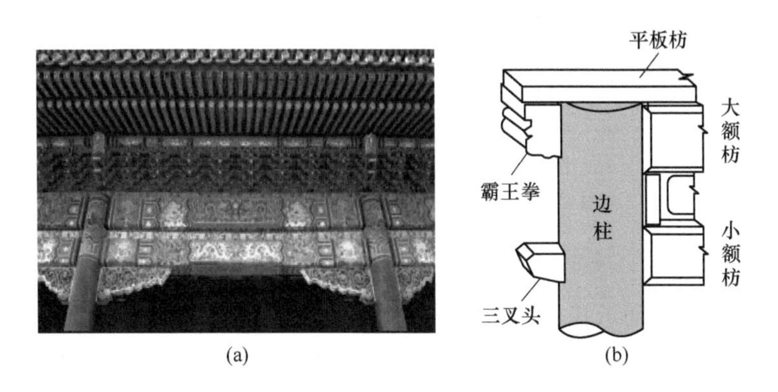

图 5-7 额枋实物图和示意图

（a）额枋实物图；（b）额枋示意图

平板枋又称斗盘枋，一般与阑额兼用，可用来承托斗栱的厚平板木，在板上置木销与斗栱连接，在板下凿销孔与枋木连接。承椽枋是指重檐建筑中上下层交界处，承托下层檐椽后端的枋木，在枋木外侧，安装椽子位置处剔凿有椽窝。随梁枋和穿插枋都是指顺横梁方向的枋木，它是为保证木构架的整体安全稳定性，设在受力梁下面，将柱串联起来的构造性横枋。随梁枋，又称为“跨空枋”，用于规模较大或带斗栱建筑中，设置在最底部屋架大梁的下面，将承重柱串联起来，协助大梁减轻一部分荷载；随梁枋一般为按进深连贯两柱头间的横木，位置功能与额枋相同，起稳固梁的作用，是连系构件。穿插枋是在檐柱与老檐柱之间，是设在抱头（或桃尖）梁下面，将檐（廊）柱和金（步柱）柱串联起来，保证抱头梁的稳固安全，也称为“夹底”，用枋木加以串联，提高木结构的稳定性，又称挑间随梁。围脊枋是指重檐建筑中上下层交界处，遮挡下层屋面围脊的枋木，截面规格与承椽枋同，如前述图 5-5 所示。

5.1.1.4 楞木、承重

承重上面承托木楼板的枋条木，在其上安装楼板，传递荷载至承重，现代建筑称木龙骨或者搁栅，传统建筑中称楞木，楞木按截面形式有圆楞木和方楞木。承重梁简称为“承重”，它是阁楼建筑中承托楼板荷载的主梁，一般是用枋木制作矩形截面，与前后檐柱榫接。承重上搭置楞木（或支梁），再在楞木上铺钉楼板，如图 5-8 所示。

(a)

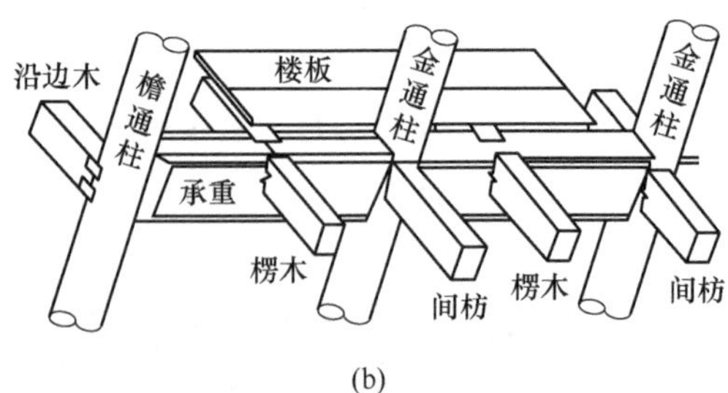

(b)

图5-8　楞木、承重实物图和示意图
（a）楞木实物图；（b）楞木、承重和示意图

5.1.1.5　椽

椽是屋面基层的承托构件，屋面基层由椽子（翼角椽）、望板、飞椽、压飞望板等铺叠而成，是搁置在檩桁（榑）木上用来承托望板（或望砖）的条木。椽子按截面形式可分为圆椽和方椽。在屋顶正身部分，椽子依其位置也有不同称呼，在双桁卷棚屋面顶步架侧面成弧形的椽子，称为罗锅椽；在檐（廊）步距上的称为檐椽；在脊步步距上的宋称为脊椽，也称为脑椽；在其他步距上的称为花架椽或直椽；从起翘点至角梁部分的椽子，称为翼角椽；飞椽，也称为飞子，是铺钉在檐口望板（或檐椽）上增加屋檐冲出和起翘的檐口椽子，与檐椽成双配对，多为方形截面，也有圆形截面的；从起翘点至角梁部分的飞椽，称为翘飞椽，如图5-9所示。

(a)

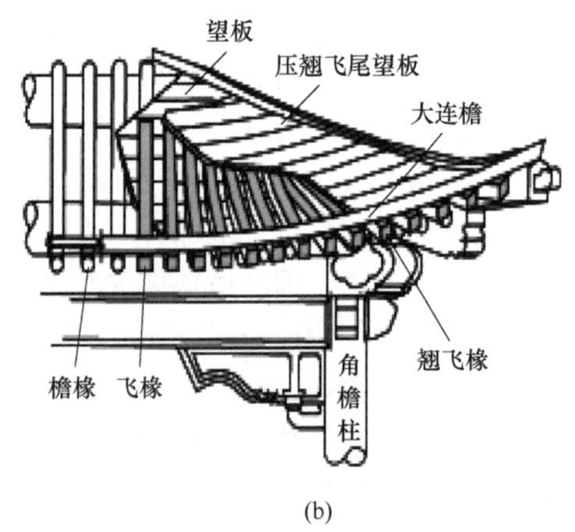

(b)

图5-9　椽条实物图和示意图
（a）椽条实物图；（b）椽条示意图

5.1.1.6 翼角

翼角是传统建筑屋檐的转角部分，因向上翘起，舒展如鸟翼而得名，主要用在屋顶相邻两坡屋檐之间，包括若干构件。正身檐步与山面檐步屋面交角处的斜木构件称为角梁，分为“老角梁”和“仔角梁”，对应也称为“老戗”和“嫩戗”；角梁后面的延续，称为“由戗”，如图5-10所示。

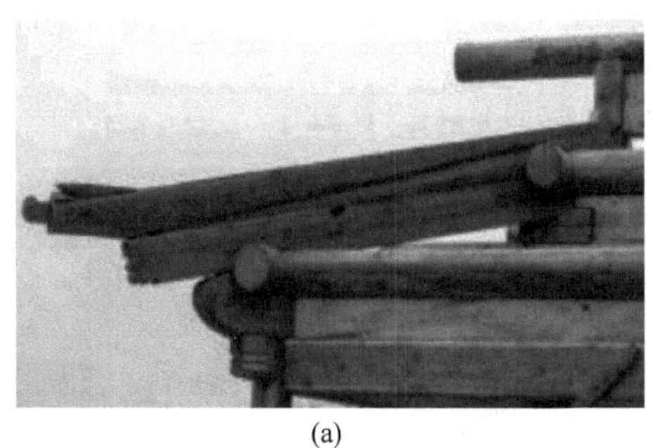

(a)

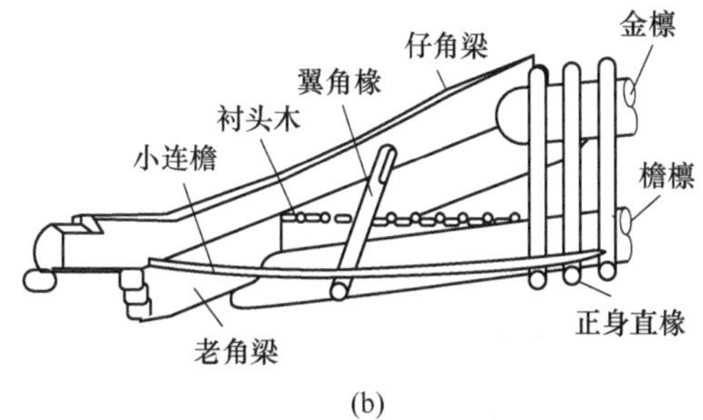

(b)

图5-10 老角梁和仔角梁的实物图和示意图
(a) 老角梁和仔角梁实物图；(b) 老角梁和仔角梁示意图

菱角木、龙径木是老、嫩戗夹角之间用于填补其交角的拉扯木，如图5-11(a)中所示的扁担木、菱角木、箴木。其中，将扁担木和箴木合称为龙径木，它们的尺寸规格均应依现场构件组合进行确定。硬木千斤销即指硬木木销，它是用于老嫩戗连接处，由老戗端头底下穿入，固定嫩戗的木销子，一般用比较结实的硬杂木制作，故称为“硬木千斤销”。衬头木是指装钉在檐檩上，承托翼角椽使其上翘的垫枕木，呈锯齿三角形，也称为“戗山木”，如图5-11(b)所示。踩步金是相当于三架梁之下五架梁的木构件，但它的作用又较五架梁多一项功能，即起搭承山面檐椽的檩木作用，因此在它的外侧面剔凿有若干个承接山面檐椽的椽窝。因一木两用，故特取名为“踩步金”，踩步金的梁身部分截面及其尺寸，与相应标高的五（七）架梁相同，两个端头的截面及其尺寸，与其所搭交的檩木相同，如图5-11(c)所示。

5.1.1.7 斗栱

斗栱是由若干个栱件层层垒叠，相互搭交而成的既具有悬挑作用，又具有装饰效果的支撑性构件。组成斗栱的栱件有斗、栱、翘、昂、升五种基本栱件和相关附件，如图5-12所示。相关附件有耍头、撑头木、盖斗板、垫栱板等，其中耍头、撑头木、盖斗板是用于因栱件垒叠高度不够，需要填补斗栱顶面上所存空隙的构件；垫栱板又称“风栱板”“斗槽板”，是填补每攒斗栱之间空隙的遮挡板，它可以形成整个斗栱的整体性，起着将若干斗栱连接成整、增添美观、防止雀鸟进入的作用。

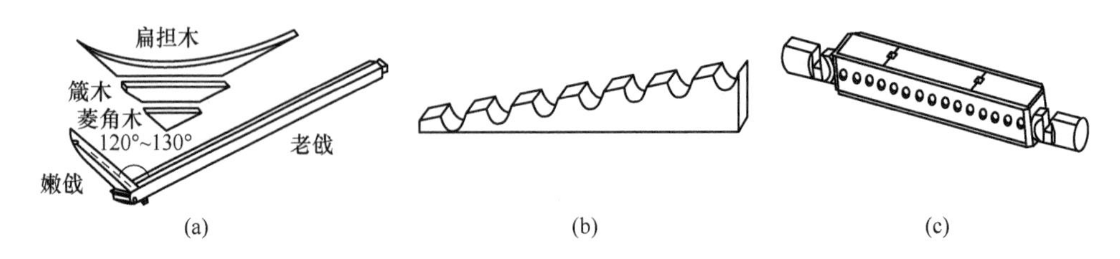

图 5-11　菱角木、戗山木、踩步金示意图

（a）菱角木示意图；（b）戗山木示意图；（c）踩步金示意图

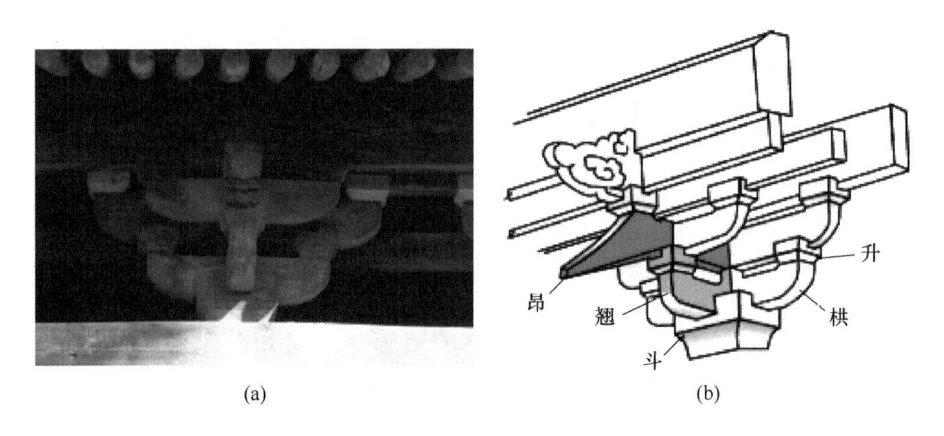

图 5-12　斗栱的基本构造实物图和示意图

（a）斗栱基本构造实物图；（b）斗栱基本构造示意图

栱件“斗”是组成斗栱的最基础构件，将它列为第一层，在它中部刻凿有十字形槽口，以便在十字凹槽中嵌承第二层栱件（即横栱，纵翘）。“栱”是斗栱中嵌入座斗上的第二层承托栱件，它是平行于建筑面阔方向的弓形曲木，形似于倒立三脚栱形，故而得名。中间栱脚开凿槽口，以供与垂直栱件十字嵌交，两个边脚是安装升的位置，可在其上叠加上一层栱件。因为斗栱是一个悬挑构件，它的构件由中心层层垒叠，并逐层向外扩展，所以“栱”依不同位置和长短，有不同名称，如泥道栱、慢栱等。“翘”，也称为“华栱”，它是与“栱”垂直相交的纵向栱件，其形式基本与栱相同。在“栱”的中间凿有仰口卡槽，而在“翘”的中间则为盖口卡槽，“翘”盖在“栱”上相互搭交，落于座斗槽内，它是向檐口里外悬挑伸出，形成斗栱的第二层基础构件。“昂”是起装饰作用的栱件，它的外端特别加长，似鸭嘴形状，称为“昂嘴或昂头”，它平行垒叠在华栱（或翘）的升上，并与慢栱（或正心万栱）垂直搭交，以增加里外（纵向）悬挑距离，是形成斗栱第三层的栱件。“升”是比座斗小的斗形，因旧时量米容器中，大的称为斗，小的称为升，十升为一斗，故而得名，也称为“枓”。升是承

接上层栱件的基座，其底面与下层栱件的两端栱脚面相连接，它一般只有一个方向刻有开口。升依其所在位置不同有不同的名称，依其位置分为齐心枓（即处在栱的中脚之上）、交互枓（即处在华栱两个端脚之上）、散枓（除齐心枓和交互枓之外，处在其他栱件端脚之上）。如图 5-13 所示为斗栱基本构件分解。

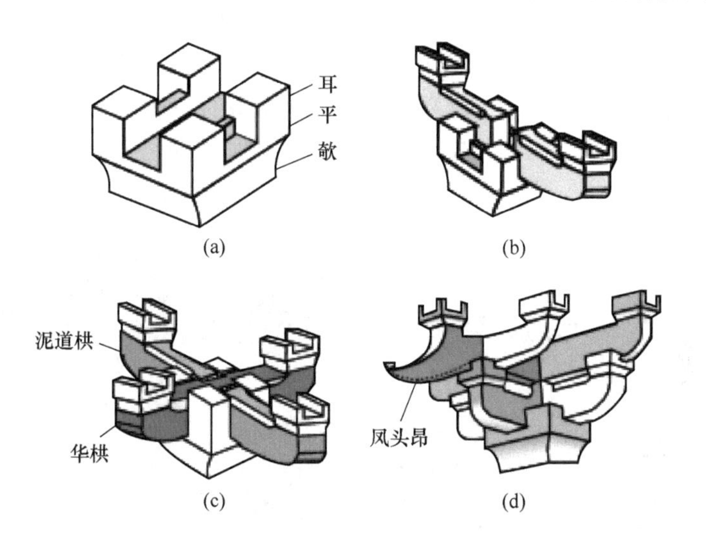

图 5-13 斗栱的基本构件分解示意图
（a）斗示意图；（b）安装栱（泥道栱）和升示意图；（c）安装翘（华栱）和升示意图；
（d）安装昂（凤头昂）和升示意图

斗栱按挑出与否进行分类，分为不出踩斗栱和出踩斗栱两大类。其中，不出踩斗栱是指栱件与梁枋处于一个立面垒叠而成的斗栱；出踩斗栱是指栱件在梁枋立面每叠一层的同时，分别向进深方向两边各悬挑出一个距离而成的斗栱。

斗栱按所处位置进行分类，分为外檐斗栱和内檐斗栱两大类。其中，外檐斗栱是指处于房屋开间之外，在檐廊檐口部位上的斗栱；内檐斗栱是指处于房屋开间之内，在室内梁枋上的斗栱。外檐斗栱是指处在建筑物外檐檐口部位的斗栱，分为柱头科斗栱、平身科斗栱、角科斗栱、溜金斗栱、平座斗栱等。柱头科斗栱是指坐立在正对檐柱之上的斗栱；平身科斗栱是指坐立在两檐柱之间的平板（或额）枋之上的斗栱，也就是柱头科之间的斗栱；角科斗栱是指坐立在角柱之上的斗栱；溜金斗栱是用撑头木的尾端制成斜杆，按举架斜度，从檐柱轴线部位溜到金柱轴线部位，将这两个部位的斗栱连接起来，使之形成一个整体而加强整个建筑的稳定性；平座即指楼房的楼层檐口带有伸出的平台（相当现代楼房的檐廊），平座斗栱就是支撑平台的斗栱，起着悬挑梁的作用。

5.1.1.8 木作配件

角云又称为“花梁头”“捧梁云”，它是亭子建筑用于转角部位的柱顶上承托两个方向横梁交叉搭接或桁檩交叉搭接的垫木，一般在该垫木外侧雕刻有云状花纹，因此称为角云。雀替是安置于梁或阑额与柱交接处承托梁枋的木构件，可以缩短梁枋的净跨距离，也用在柱间的挂落下，或为纯装饰性构件，在一定程度上，增加梁头抗剪能力或减少梁枋间的跨距，如图 5-14(a)所示。花牙子是用于倒挂楣子两端角的一种装饰构件，有用棂条拼结而成的，也有用木板雕刻而成的，形似如雀替，不过较雀替轻巧。花牙子是有雕饰的牙子，是建筑中具有雀替外形的一种纯装饰性构件，也称镂空雀替，是雀替的一种类型。插角是指横、竖材交接处，为了起到加固和装饰美化作用，常制成各种各样的短木条、短木片、角等安装在交角部位，形成一种三角形或带转角的部件，如图 5-14(b)所示。

(a)

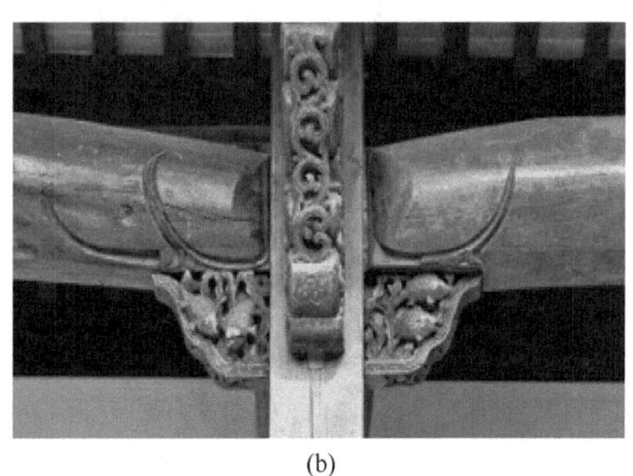
(b)

图 5-14　雀替和插角的实物图
(a) 雀替实物图；(b) 插角实物图

踏脚木是承托几根草架柱的横向受力构件，在其背上做有卯口，以便栽立草架柱榫；底皮为斜面，压在山面檐椽上。大连檐是用来连接固定飞椽端头的木条，断面一般为直角梯形，长度按通面阔，高同檐椽径。小连檐是固定连接檐椽端头的木条，为扁方形截面，厚度与望板相同，如图 5-15(a)所示。山花板是歇山山面三角形的封面板，也称为"山填板"，三角形的斜边与各檩木上皮对齐；按檩木位置，挖凿檩椀槽口，让檩木伸出，山花板的下底边与踏脚木下皮或上皮平，山花板一般是一个等腰三角形挡风板，如图 5-15(b)所示。

瓦口板是钉在大连檐上用来承托檐口瓦的木件，是按屋面瓦的弧形做成波浪形木板条。闸挡板是堵塞檐口飞椽之间空隙的挡板，飞椽钉在直椽的望板上，而在飞椽之上还钉有一层"压飞望板"，在这两层望板之间的空隙，雀鸟很容易进入做巢，因此用闸挡板加以堵塞，可以阻止雀鸟钻入。椽椀板是用于固定檐椽的卡固板，它是用一块木板按椽径大小和椽子间距，挖凿出若干椀洞而成，将它钉在檐桁檩上，让檐椽穿洞而过。根据椽子截面形式分为圆椽椽椀、方椽椽椀。隔椽板是用于固定除檐椽之外其他直椽的卡固板，其作用与椽椀板相同，但不用长

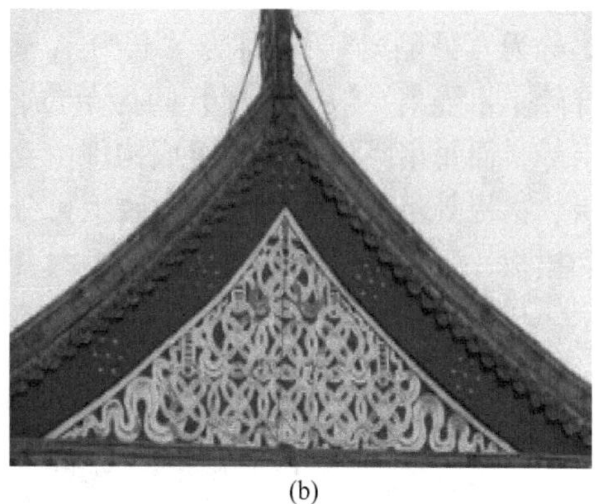

(a) (b)

图 5-15 小连檐和山花板的实物图
(a) 小连檐实物图；(b) 山花板实物图

板、条板挖凿椽椀，只用简易板块代替椽椀板，在每个椽子空隙置一块。博风板常用于歇山顶和悬山顶建筑，这些建筑的屋顶两端伸出山墙之外，用木条钉在檩条顶端，也起到遮挡桁（檩）头的作用，以便保护并作装饰，如图 5-16(a)所示。悬鱼大多用木板雕刻而成，位于悬山或歇山屋顶两端的博风板下，垂于正脊，因为最初为鱼形，并从屋顶悬垂，故名悬鱼，如图 5-16(b)所示，其中处于其他檩头位置并钉在博风板边沿的木板称为惹草。

(a) (b)

图 5-16 博风板和悬鱼的实物图
(a) 博风板实物图；(b) 悬鱼实物图

5.1.1.9 古式门窗

仿古建筑四周的围护分为前檐围护、后檐围护、两山围护，其中前檐围护是整个房屋的重要观赏面，前檐围护结构一般有三种，即隔扇木门围护、槛窗木门围护、槛窗隔扇木门混合围护。

木隔扇既可作为围护结构的屏障，也可兼作廊内厅堂大门。作为围护结构者，称为“外隔扇”，也称为“长窗”，是在大门的两边或在大门之内作为厅堂的屏障。木隔扇一般以房屋开间为单位，按双数设置，分为四扇、六扇、八扇、十扇等，而每扇隔扇本身的组成构件由上、中、下抹头，左、右边框，心屉，绦环板，裙板等组成。每扇隔扇大致上可分为上下两段，上段为心屉、下段为绦环板和裙板，下段与上段之长若为四六开，即所谓“四六分隔扇”，如图 5-17所示。

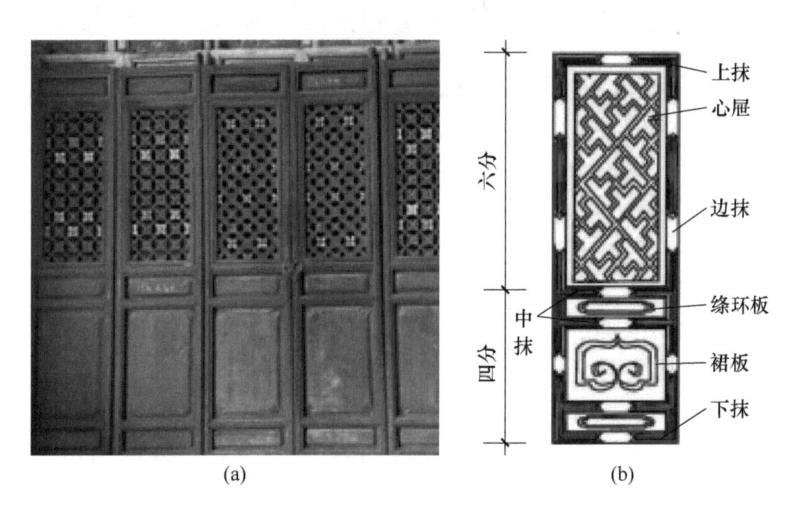

图 5-17　木隔扇
(a) 木隔扇实物图；(b) 单扇构造示意图

仿古建筑中常用的木窗有三种：一是大式建筑所用的“槛窗”，二是小式建筑所用的“支摘窗”，三是院墙上作观赏用的“牖窗”，其构造各有区别。槛窗是在槛框的基础上安装窗扇而成，故取名为“槛窗”，它由上槛、中槛、枫槛、榻板、抱框、心屉、通连楹等组成。槛窗扇实际上是将隔扇裙板以下去掉而成，其结构构造与隔扇相同，如图 5-18(a)所示。支摘窗是以窗扇的开启方式而命名的木窗，它的窗扇分为上下两扇，上扇向外支起，下扇可以摘下，它的槛框由替桩、榻板、抱框、间框等组成，如图 5-18(b)所示。牖即院墙上的窗洞，在仿古建筑中有各种形式的窗洞，如月洞、扇面、六角、十字、方胜、花瓶、仙桃等，统称为“牖窗”，也称为“什锦窗”，牖窗的主要作用是点缀景点，故一般不做窗扇。

将军门是指显贵门户所做的门第大门，有似于北方垂花门，它体积大、门板厚，门扇上方的额枋上安装“门刺（即门簪，又称阀阅）”，因显其气势威武而取名，如图 5-19(a)所示。实榻门是门扇中规格相对较高的一种门扇，它是用若干块厚板拼装而成，体大质重，非常坚固，故取名为“实榻”，多用于宫殿、庙

(a)

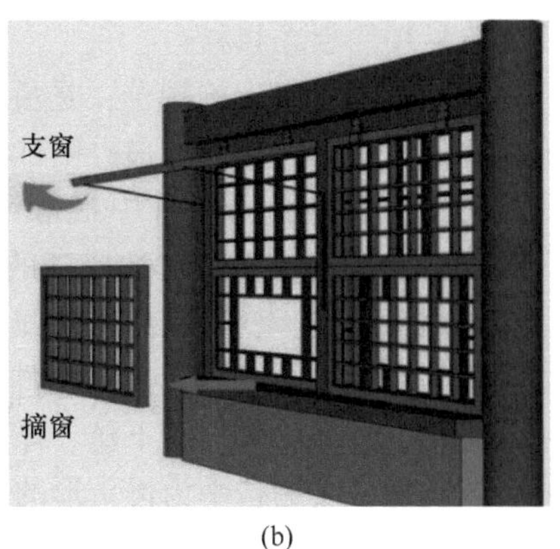

(b)

图 5-18 槛窗和支摘窗
（a）槛窗实物图；（b）支摘窗示意图

宇、府邸等建筑的大门。实榻门的门板厚一般为 9 ~ 12 cm，采用凸凹企口缝的木板相拼而成，如图 5-19(b)所示。棋盘门是指带边框的门扇，在框内镶拼木板，板背面用 3 ~ 4 根穿带连接成格状，故取名为“棋盘”，也称为“攒边门”，一般用作府邸、民舍的大门。撒带门是一种没有边框的板门，一般用 3 ~ 5 cm 厚木板镶拼，5 ~ 7 根穿带加固，穿带一边插入门轴攒边内，另一边用压带压住，让端头撒着，故取名为“撒带”，多用于街铺、作坊、居室等木门。屏门是一种较轻薄的木板门，安装在槛框内，上下左右无掩缝槽，板厚一般为 2 ~ 3 cm，背面穿带与板面平，门板上下两端做榫，用抹头加固，一般用作园林中的院墙、月洞等门。

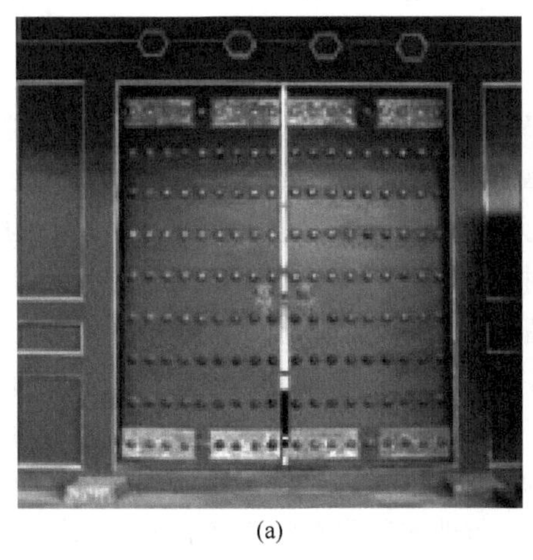

(a)

(b)

图 5-19 将军门和实榻门
（a）将军门实物图；（b）实榻门实物图

5.1.1.10　古式栏杆

古式栏杆在古时也称阑干，是桥梁和建筑上的安全设施，在使用中起分隔、导向的作用，使被分割区域边界明确清晰，且具有装饰意义。寻杖栏杆是最早出现的一种形式，是我国栏杆中最常用的一种，以其最上层的寻杖而得名。“寻杖”即巡杖，圆形扶手，这种栏杆的最早形式，在扶手以下只有简单的装饰构件，以后逐渐改进，变得较为复杂和多样化，但其基本特点不变，即以圆形扶手和绦环板为主，除此以外，其他构件与一般栏杆相似，它们的基本结构为望柱、扶手、直档、中枋、折柱、下枋、绦环板等，如图 5-20(a)所示。花栏杆是寻杖栏杆的改良型，它的扶手为馒头形的方木，绦环板也被棂条花屉所代替，其他与寻杖栏杆基本一致，常用花屉图案有步步锦、万字纹［见图 5-20(b)］、拐子锦、盘肠纹等。坐凳楣子是没有靠背的简易坐凳围栏，一般置于走廊檐柱之间，由坐凳板、坐凳脚和凳下挂落等组成，用于有廊建筑外侧或游廊柱间上部的一种装修，主要起装饰作用。

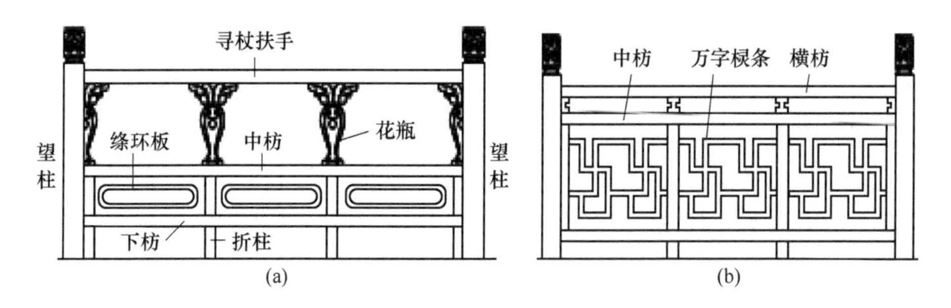

图 5-20　寻杖栏杆和花栏杆示意图

(a) 寻杖栏杆示意图；(b) 万字纹花栏杆示意图

5.1.1.11　鹅颈靠背、倒挂楣子、飞罩、博古架

鹅颈靠背又称为“吴王靠”“美人靠”，是由靠背和坐凳所组成的靠背栏杆，常用于作为房屋廊道和亭廊走道上的长靠背椅，靠背所做花纹图案分为竖芯式、宫式、葵式和普通式等，如图 5-21(a)所示。木挂落是用于木构架枋木之下的装饰构件，又称“楣子”，它是用木棂条拼接成各种花纹图案的格网形方框。挂在木构架檐枋之下，两柱间的称为“倒挂楣子”，用于坐凳之下凳脚间的称为“坐凳楣子”，如图 5-21(b)所示。飞罩又称“几腿罩”，它是分割室内空间的装饰构件。因它是由悬挂在室内木柱之间，枋木下的花形网格所形成的装饰架，故称为“飞罩”；又因其以抱框作为罩腿，故称为“几腿罩”。落地罩是豪华做法，即将飞罩两端的罩脚做成落地，使整个花罩两端落地或落脚在须弥座式的木墩上，如图 5-21(c)所示。博古架又称“多宝格”，是搁置古董花瓶等饰物的花格架子，是室内装饰性很强且具有立体感的一种隔断。

(a) (b)

(c)

图 5-21 鹅颈靠背和木挂落、落地罩实物图
(a) 鹅颈靠背实物图；(b) 倒挂楣子和坐凳楣子实物图；(c) 落地罩实物图

5.1.2 木作工程主要材料与工艺、构造

5.1.2.1 木作工程主要材料

传统仿古建筑的木作工程主要材料为各种木材，木材可按树种分类，也可按形状分类。

常用树种木材有落叶松、铁杉、云杉、马尾松、云南松、赤松、樟子松、油松、红松、华山松、广东松、海南五针松、新疆红松、栎木及柯木、青冈、水曲柳、桦木等。其中，落叶松干燥较慢，易开裂早晚材硬度及干缩差异均大，在干燥过程中容易轮裂，耐腐性强。铁杉干燥较易，干缩小至中，耐腐性中等。云杉干燥易，干后不易变形，干缩较大，不耐腐。马尾松、云南松、赤松、樟子松、油松等干燥时可能翘裂，不耐腐，最易受白蚁危害，边材蓝变色最常见。红松、华山松、广东松、海南五针松、新疆红松等干燥易，不易开裂或变形，干缩小，耐腐性中等，边材蓝变色最常见。栎木及柯木干燥困难，易开裂，干缩甚大，强度高，甚重、甚硬，耐腐性强。青冈干燥难，较易开裂，可能劈裂，干缩甚大，耐腐性强。水曲柳干燥难，易翘裂，耐腐性较强。桦木干燥较易，不翘裂，但不耐腐。

木材的干燥难易系指板材而言。耐腐性系指心材部分在室外条件下而言。边材一般均不耐腐，在正常的温湿度条件下，可用作室内不接触地面的构件。按照树种木材的性能可分类为一类：红松、杉木；二类：白松、杉松、杨柳木、椴木、樟子松、云杉；三类：青松、水曲柳、黄花松、秋子木、马尾松、榆木、柏木、樟木、苦练子、梓木、楠木、槐木、黄菠萝、椿木；四类：柞木（稠木、青杠）、檀木、色木、红木、荔木、柚木、麻栗木、桦木。

木材按形状分类有原木、方木、板材等类型，按照材质标准分别有Ⅰ、Ⅱ、Ⅲ等材。

原木是原条长向按尺寸、形状、质量的标准规定或特殊规定截成一定长度的木段。(1) 原木Ⅰ等材不容许有腐朽，在构件任何150 mm长度上，所有木节尺寸的总和不得大于所测部位原木周长的1/4，每个木节的最大尺寸，不得大于所测部位原木周长的1/10（连接部位为1/12）；任何1 m材长度上，平均倾斜高度，不得大于80 mm，允许有表面虫沟，但不得有虫眼。(2) 原木Ⅱ等材不容许有腐朽，在构件任何150 mm长度上，所有木节尺寸的总和不得大于所测部位原木周长的1/3，每个木节的最大尺寸，不得大于所测部位原木周长的1/6；任何1 m材长度上，平均倾斜高度，不得大于120 mm，允许有表面虫沟，但不得有虫眼。(3) 原木Ⅲ等材不容许有腐朽，在构件任何150 mm长度上，所有木节尺寸的总和不得大于所测部位原木周长的2/5，每个木节的最大尺寸，不得大于所测部位原木周长的1/6；任何1 m材长度上，平均倾斜高度，不得大于150 mm，允许有表面虫沟，但不得有虫眼。

方木是将木材根据实际加工需要锯切成一定规格形状的方形条木，如截面为长方形或正方形。(1) 方木Ⅰ等材不容许有腐朽，在构件任何150 mm长度上，沿周长所有木节尺寸的总和不得大于所测部位原木周长的1/3，每个木节的最大尺寸，不得大于所测部位原木周长的1/10（连接部位为1/12）；每1 m平均斜度不得大于50 mm，在连接部位的受剪面附近，其裂缝深度（有对面裂缝时用两者之和）不得大于材宽的1/4，允许有表面虫沟，但不得有虫眼。(2) 方木Ⅱ等材不容许有腐朽，在构件任何150 mm长度上，沿周长所有木节尺寸的总和不得大于所测部位原木周长的2/5，每个木节的最大尺寸，不得大于所测部位原木周长的1/6；每1 m平均斜度不得大于80 mm，在连接部位的受剪面附近，其裂缝深度（有对面裂缝时用两者之和）不得大于材宽的1/3，允许有表面虫沟，但不得有虫眼。(3) 方木Ⅲ等材不容许有腐朽，在构件任何150 mm长度上，沿周长所有木节尺寸的总和不得大于所测部位原木周长的1/2，每个木节的最大尺寸，不得大于所测部位原木周长的1/6；每1 m平均斜度不得大于120 mm，在连接部位的受剪面附近，其裂缝深度（有对面裂缝时用两者之和）未作限制，允许有表面虫沟，但不得有虫眼。

板材是指根据实际加工需要锯切成标准大小的扁平矩形建筑材料板。（1）板材Ⅰ等材不容许有腐朽，在构件任何150 mm长度上，所有木节尺寸的总和不得大于所在面宽的1/4，任何1 m材长度上，平均斜度高度，不得大于50 mm，在连接的受剪面及其附近不容许有裂缝，允许有表面虫沟，但不得有虫眼。（2）板材Ⅱ等材不容许有腐朽，在构件任何150 mm长度上，所有木节尺寸的总和不得大于所在面宽的1/3；任何1 m材长度上，平均斜度高度，不得大于80 mm，在连接的受剪面及其附近不容许有裂缝，允许有表面虫沟，但不得有虫眼。（3）板材Ⅲ等材不容许有腐朽，在构件任何150 mm长度上，所有木节尺寸的总和不得大于所在面宽的2/5；任何1 m材长度上，平均斜度高度，不得大于120 mm，在连接的受剪面及其附近不容许有裂缝，允许有表面虫沟，但不得有虫眼。

5.1.2.2 木作工程主要工艺、构造

大木构架上层木构件制作包括梁、檩（桁）、枋、屋面板等各类构件制作加工。梁类构件应有各自的构件名称，同一建筑的梁类构件不得有重名构件。书写构件名称的位置应在构件背部，书写清晰，不得无规律随意书写。梁类构件的制作宜采用传统工艺，按照地方特色构造要求进行加工。枋类构件的长度应以杖杆为准。杖杆需经两人以上核准后方可使用。

枋类构件的断面尺寸、形状应符合设计要求，如无设计要求，应按地方传统形制要求制作，对形状复杂的应放大样，按样板制作。桁类构件制作前应放出断面足尺大样，大样应符合设计要求。按大样做样板，排杖杆，并应经两人核准方可施工。大木构架下层木木柱制作时，每柱应有一个名称，同一建筑的柱不得有重复名称。柱类构件中的名称应书写在柱构件上，其书写位置应根据当地习惯，书写在约定俗成的位置上。柱类构件的四个面都应有中线；角檐柱或多角形柱类构件除四条中线以外，还应有对角中线。柱类构件两端断面应有头线、头线与柱侧面中线应一致，柱两端头线应重合、不得翘曲，断面为圆形柱构件类的收分率应符合设计要求。若设计无要求时，收分率应为0.7%~0.8%，方形、多角形柱不宜收分。断面为圆形、方形、多角形、梭形、瓜楞形等各类断面的柱在制作前应按设计要求，放出柱端断面足尺大样。

柱的节点构造、联结方式应符合下述规定及设计要求：

（1）当柱子要求做侧脚者，侧脚大小应符合设计要求。柱下端做管脚榫者，圆柱榫长为该柱端直径的1/4~3/10，榫宽与榫长相等；方柱榫长为该柱宽的1/4~3/10，榫宽与榫长相同。童柱的管脚榫宽为柱径的1/10，榫长为柱端

径的 1/5 ~ 1/3。

（2）柱或童柱上端直接与檩条联接，其榫长为柱直径的 1/5 ~ 1/3，且不得小于 30 mm；方柱榫长为柱截面宽的 1/4 ~ 1/3，榫厚为柱直径或截面边长的 1/10，且不得小于 15 mm；榫宽外边缘应由柱边向内收进不得小于 20 mm。同一建筑的柱头榫尺寸应一致。

（3）檐柱顶与额枋之间应用燕尾榫联结，燕尾榫的宽度和长度可取柱截面边长或直径的 1/4 ~ 3/10。燕尾榫的收乍应取榫厚的 1/10。

斗栱制作前应放大样，大样尺寸应符合设计要求，并能满足斗栱各构件样板要求。斗栱大样中各构件的形状应符合建筑时代特征和地区的特点，同一建筑斗栱尺度、规格、形状应一致。柱顶坐斗的斗底边长应与柱头直径一致，斗面相应调正，斗高按该建筑所用坐斗高。随梁斗栱斗底宽度与随梁枋宽一致，斗面宽相应调正，斗长、高同该建筑坐斗尺寸一致。当木构架柱伸入草架，其露明部分与露明梁类构件联结处设坐斗者，露明梁应做榫卯与柱连接，在梁底部位设两半坐斗复于柱上，仅在形式上做成柱头坐斗。斗栱制作前应先试做样品，样品检验合格后，再展开斗栱制作，斗栱分件制作完成后，应按相应标准进行验收。合格后应以座（攒）为单位进行摆放，保存，并注明安装位置。斗栱安装时注意下构架安装结束，经检查正确、固定后方可进行斗栱安装。自坐斗开始，自下而上、对号就位、逐件安装，逐组安装，严禁不同开间的不同构件相互套用、换位；垫栱板应与其相关的构件同步安装，不得后装，整体构件齐全，一次到位；斗栱各构件应用硬木销联结，各构件结合紧密，整体稳定；正立面斗口与翘、栱、升、昂、蚂蚱头（云头）等外挑构件应在一垂直线上，侧立面之斗口、栱、升等所有桁向构件应在正心枋（连机）中线与平板枋（斗盘枋、坐斗枋）中线垂直线上。

屋面木基层中的各类构件，包括檐椽、飞椽、花架椽、脑椽、罗锅椽、翼角椽、翘飞椽、连瓣椽等，以及大、小连檐、椽椀、椽中板等，其中翼角椽的数量通常为单数，传统建筑的木基层做法必须遵循当地传统做法。椽子的断面尺寸需保证一致，长度符合设计要求，椽子铺钉须保证平顺、牢固。出檐椽出挑长度不得超过步架深度的 1/2，飞椽伸出的长度不得超出檐椽出檐长度的 1/2。望板接缝应设在檩（桁）条处，并应错开布置，每段接头总宽不应超过 1 m。翼角椽、翘飞椽及罗锅椽等异形椽应按样板制作，样板应符合设计要求。各类正身椽的制作，圆椽应浑圆、顺直、光洁；方椽应方正、顺直、光洁，表面无瑕疵；翼角椽、翘飞椽的制作应造型正确，弯势和顺、一致，棱角分明，曲线对称吻合。

槛框中的下槛又称门限、下枋，其长度应按面阔减所安装的柱径尺寸外加两端入柱榫长为全长，棒头长为柱径的 1/4。下槛高度应以柱径的 4/5 定高，厚度应按本身高度的 1/2 或柱径的 4/10 确定。中槛也称中枋、挂空槛、跨空槛、跨空枋，长度应按面阔减去一个柱径尺寸加两端倒退榫长，高度应按下槛高度的2/3或4/5，厚度应按本身高度的1/2或柱径的4/10确定。上槛也称替桩、提装、上枋，有迎风板者又称迎风槛；上槛长度应按中槛长度确定，高为下槛高的8/10或下植高的2/3，厚度应按本身高度的1/2或柱径的4/10确定。抱框由两段组成，即长抱框与短抱框（小抱框），短抱框位于中槛与上槛或中槛与檐枋之间，紧贴柱子。长抱框高度应为门洞的高度加榫的长度，长短抱框宽度应为下槛高度的7/10或8/10或檐柱径的2/3或按下槛高度的2/3或4/5确定，厚度应按本身高度的1/2或柱径的4/10确定。门框也称间柱，位于长抱框以里，大门洞口两侧，门框的高度应为大门洞口高外加榫长，宽、厚均同抱框。腰枋也有称为抹头的，位于门框与长抱框之间，两根、横向，其宽、厚均同抱框。

实榻门制作时，门板之间应采用高低缝或凹凸缝相拼而成，高低缝的深度宜为8~15 mm。当实榻门厚度在25 mm以上时，应在两端向内1.5/10~2/10门长范围内各穿硬木梢一道，木销厚度应为门厚1/4 ~1/3，木梢宽度宜为40 ~60 mm；当实榻门厚度在25 mm以内时，应用实拼拍横做法，横头与门板采用榫卯联结，联结时每横头应不少于三处出榫，出榫宽度为门厚1~1.2倍，拍横头的两端应做合角与门挺结合。攒边门制作时板缝应采用竹钉联结，竹钉间距宜为400~500 mm，且应避开穿带位置，门挺与横头应做独榫联结，榫后易为门挺厚1/4。撒带门制作时门板厚度多用30~50 mm，采用凭穿带锁合，穿带一端做榫，在门边上凿做门眼，将门板与门边结合在一起，穿带另一端撒头。屏门通常采用50 mm厚木板拼攒而成，板缝拼接除应做企口缝外，还应辅以穿明带，为固定门板不散落，上下两端要贯装横带。窗扇制作时窗扇的挺、横木，夹宕应做双夹出榫连接，榫厚宜为料厚1/6~1/5，窗扇位于檐口廊柱位置时，应做外开窗，且窗的中夹宕以下应做外裙板，夹宕板、裙板之间采用高低缝进行拼缝，缝间采用竹销连接，竹销间距为300~400 mm，裙板上端做板头榫与中夹宕的上端横头板面连接，裙板边缘与窗榫采用竹销连接，竹销间距为250~300 mm，夹宕板四周与挺、横头采用落槽连接，槽深与板厚一致且不小于10 mm，长短开关窗的两窗之间应做高低缝，其厚度为扇挺面宽1/5~1/4且不小于8 mm，和合窗两窗上下交接处采用高低缝，上一扇窗做盖缝，缝深为8~10 mm，窗芯四周应做边条，边条断面尺寸与窗芯一致，窗芯十字相交处应采用合巴嘴做法，深度为芯厚1/2。

栏杆望柱宽、厚（径）宜为3/10柱径或100~150 mm，高度宜为1200~1600 mm。栏杆望柱贴圆柱外侧做室内弧形抱豁，贴方柱外侧做呈平面抱豁，望柱里口垂直于地面。栏杆望柱一侧剔出溜销榫槽（卯），槽（卯）长度应不少于4/5望柱高。栏杆、扶手、下枋与望柱采用双通透卯榫连接。腰枋与望柱采用双直半透卯榫连接。栏杆地袱宽度宜为望柱厚度1.2倍，高度宜为望柱厚度1/2~1/3，长度为柱间净尺寸。栏杆腰枋、下枋宽度宜为望柱宽度1/2或50~70 mm，厚度宜为宽度 1.2 ~ 1.4 倍，长度为柱间净距。栏杆花心边抹宽度宜为 50 ~ 70 mm，厚度宜为宽度 1.2 倍。栏杆框心棂条宽度宜为 30 ~ 50 mm，厚度宜为宽度 1.3 ~ 1.5 倍。倒挂楣子高度宜为 300 ~ 400 mm；框料厚度宜为 40 ~ 45 mm，宽度宜为 50 ~ 60 mm；棂条厚度宜为 18 ~ 20 mm，宽度宜为 25 ~ 30 mm；楣子上下贯通的棂条做单直通榫头，其余做单直半透榫头，与楣子边框进行卯榫连接，楣子棂条十字相交处应做异形卡腰。坐凳楣子凳面高宜为 500 ~ 550 mm，凳面宽度宜同柱径，厚度宜为 30 ~ 60 mm。

5.2　木作工程工程量清单编制

5.2.1　柱计量

柱包括圆柱、方柱、异形柱等，下面介绍它们的计量方法。

（1）圆柱的计量为：

项目编码：020501001。

计量单位：m^3。

项目特征：1）构件名称、类别；2）构件规格；3）木材品种；4）刨光要求。

工程量计算规则：按设计图示尺寸柱高（包括榫长）乘以最大圆形或矩形截面面积以体积计算，收分柱截面按竣工木构件最大截面面积计算。

（2）方柱的计量为：

项目编码：020501002。

计量单位：m^3。

项目特征：1）构件名称、类别；2）构件规格；3）木材品种；4）刨光要求。

工程量计算规则：按设计图示尺寸柱高（包括榫长）乘以最大圆形或矩形截面面积以体积计算，收分柱截面按竣工木构件最大截面面积计算。

（3）异形柱（多边形）柱的计量为：

项目编码：020501003。

计量单位：m^3。

项目特征：1）构件名称、类别；2）构件规格；3）木材品种；4）刨光要求。

工程量计算规则：按设计图示尺寸柱高（包括榫长）乘以最大圆形或矩形截面面积以体积计算，收分柱截面按竣工木构件最大截面面积计算。

（4）童（瓜）柱的计量为：

项目编码：020501004。

计量单位：m^3。

项目特征：1）构件名称、类别；2）构件规格；3）木材品种；4）刨光要求。

工程量计算规则：按设计图示尺寸柱高（包括榫长）乘以最大圆形或矩形截面面积以体积计算，收分柱截面按竣工木构件最大截面面积计算。

（5）雷公柱的计量为：

项目编码：020501005。

计量单位：m^3。

项目特征：1）构件名称、类别；2）构件规格；3）木材品种；4）刨光要求。

工程量计算规则：按设计图示尺寸柱高（包括榫长）乘以最大圆形或矩形截面面积以体积计算，收分柱截面按竣工木构件最大截面面积计算。

（6）垂柱的计量为：

项目编码：020501006。

计量单位：m^3。

项目特征：1）构件名称、类别；2）构件规格；3）木材品种；4）刨光要求。

工程量计算规则：按设计图示尺寸柱高（包括榫长）乘以最大圆形或矩形截面面积以体积计算，收分柱截面按竣工木构件最大截面面积计算。

（7）牌楼高栱柱的计量为：

项目编码：020501007。

计量单位：m^3。

项目特征：1）构件名称、类别；2）构件规格；3）木材品种；4）刨光要求。

工程量计算规则：按设计图示尺寸柱高（包括榫长）乘以最大圆形或矩形截面面积以体积计算，收分柱截面按竣工木构件最大截面面积计算。

（8）草架柱的计量为：

项目编码：020501008。

计量单位：m^3。

项目特征：1）构件名称、类别；2）构件规格；3）木材品种；4）刨光要求。

工程量计算规则：按设计图示尺寸柱高（包括榫长）乘以最大圆形或矩形截面面积以体积计算，收分柱截面按竣工木构件最大截面面积计算。

（9）柱珠的计量为：

项目编码：020501009。

计量单位：块。

项目特征：1）构件直径、厚度；2）木材品种；3）刨光要求。

工程量计算规则：按设计图示以数量计算。

（10）混凝土柱外包板的计量为：

项目编码：020501010。

计量单位：m^2。

项目特征：1）构件板厚；2）木材品种；3）刨光要求；4）包板方式。

工程量计算规则：按设计图示尺寸以展开面积计算。混凝土柱外包板的包板方式指有无龙骨，如有龙骨时还需描述龙骨的材料和规格。

【例 5-1】 某仿古建筑主体工程采用木架构，其中一榀木架构如图 5-22 所示，原木直径 ϕ600 mm 檐柱放置于 300 mm 高柱础上、架梁上原木蜀柱为直径 ϕ320 mm，蜀柱上端做成半圆（直径 ϕ300 mm）凹槽用于放置圆木檩。樟木原木均需刨光处理，试计算图示榀木架构檐柱、蜀柱的工程量及编制其工程量清单。

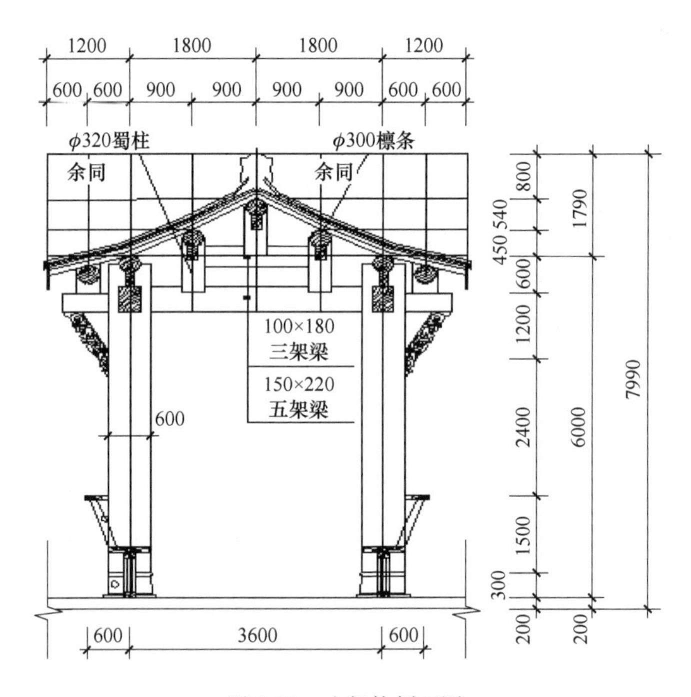

图 5-22　木架构剖面图

解： 圆柱以 m^3 计量，计算规则为按设计图示尺寸柱高（包括榫长）乘以最大圆形或矩形截面面积以体积计算，收分柱截面按竣工木构件最大截面面积计算。

檐柱工程量：$V_1 = 3.14 \times 0.6 \times 0.6/4 \times (6 - 0.3/2 - 0.3) \times 2 = 3.14\ (m^3)$

蜀柱工程量：$V_2 = 3.14 \times 0.32 \times 0.32/4 \times (0.6 + 0.45 - 0.3/2) \times 2 + 3.14 \times 0.32 \times 0.32/4 \times (0.54 + 0.45 - 0.3/2) = 0.21$（$m^3$）

檐柱、蜀柱的工程量清单见表5-1。

表5-1 檐柱、蜀柱的工程量清单

序号	项目编码	项目名称	项 目 特 征	计量单位	工程量
1	020501001001	檐柱	（1）构件名称、类别：圆形檐柱； （2）构件规格：直径 ϕ600 mm； （3）木材品种：樟木原木； （4）刨光要求：需刨光处理	m^3	3.14
2	020501004001	蜀柱	（1）构件名称、类别：圆形蜀柱； （2）构件规格：直径 ϕ320 mm； （3）木材品种：樟木原木； （4）刨光要求：需刨光处理	m^3	0.21

5.2.2 梁计量

梁包括圆梁、矩形梁、假梁头等，下面介绍它们的计量方法。

（1）圆梁的计量为：

项目编码：020502001。

计量单位：m^3。

项目特征：1）构件名称、类别；2）构件规格；3）木材品种；4）刨光要求。

工程量计算规则：按设计图示尺寸梁长乘以最大圆形或矩形截面面积以体积计算。梁长包括榫长，半榫至柱中，透榫至柱外榫头外端。圆梁项目包括：三至九架梁，卷棚双步、四、六、八架梁等。

（2）矩形梁的计量为：

项目编码：020502002。

计量单位：m^3。

项目特征：1）构件名称、类别；2）构件规格；3）木材品种；4）刨光要求；5）雕刻种类、形式。

工程量计算规则：按设计图示尺寸梁长乘以最大圆形或矩形截面面积以体积计算。梁长包括榫长、半榫至柱中、透榫至柱外榫头外端。矩形梁项目包括：三至九架梁，月梁，挑尖梁，抹角梁，麻叶头梁，太平梁，卷棚双步、四、六、八架梁等。

（3）柁墩、交金墩的计量为：

项目编码：020502003。

计量单位：m^3。

项目特征：1）构件规格；2）木材品种；3）刨光要求；4）雕刻种类、形式。

工程量计算规则：按设计图示尺寸梁长乘以最大圆形或矩形截面面积以体积计算。

（4）假梁头的计量为：

项目编码：020502004。

计量单位：m^3。

项目特征：1）构件规格；2）木材品种；3）刨光要求；4）雕刻种类、形式。

工程量计算规则：按设计图示尺寸梁长乘以最大圆形或矩形截面面积以体积计算。

（5）混凝土梁外包板的计量为：

项目编码：020502005。

计量单位：m^2。

项目特征：1）构件板厚；2）木材品种；3）刨光要求；4）雕刻种类、形式；5）包板方。

工程量计算规则：按设计图示尺寸以展开面积计算。混凝土梁外包板的包板方式指有无龙骨，如有龙骨时还需描述龙骨的材料和规格。

【例 5-2】 某仿古建筑主体工程采用木架构，其中一榀木架构如图 5-23 所示，五架梁截面尺寸为 150 mm×220 mm，两端与檐柱采用透榫连接，三架梁截面尺寸为 100 mm×180 mm，两端与蜀柱采用半榫连接。木材均为杉木一等锯材，且需刨光处理，试计算图示该榀木架构上架梁的工程量及编制其工程量清单。

解： 矩形梁以 m^3 计量，计算规则为按设计图示尺寸梁长乘以最大圆形或矩形截面面积以体积计算。梁长包括榫长、半榫至柱中、透榫至柱外榫头外端。

五架梁工程量：$V_1 = 0.15 \times 0.22 \times (3.6 + 0.6) = 0.14$（$m^3$）

三架梁工程量：$V_2 = 0.1 \times 0.18 \times (0.9 + 0.9) = 0.03$（$m^3$）

矩形梁合计工程量：$V = 0.14 + 0.03 = 0.17$（m^3）

矩形梁的工程量清单见表 5-2。

表 5-2 矩形梁的工程量清单

序号	项目编码	项目名称	项 目 特 征	计量单位	工程量
1	020502002001	矩形梁	（1）构件名称、类别：三架梁、五架梁； （2）构件规格：三架梁截面尺寸 100 mm×180 mm，五架梁截面尺寸 150 mm×220 mm； （3）木材品种：杉木一等锯材； （4）刨光要求：需刨光处理	m^3	0.17

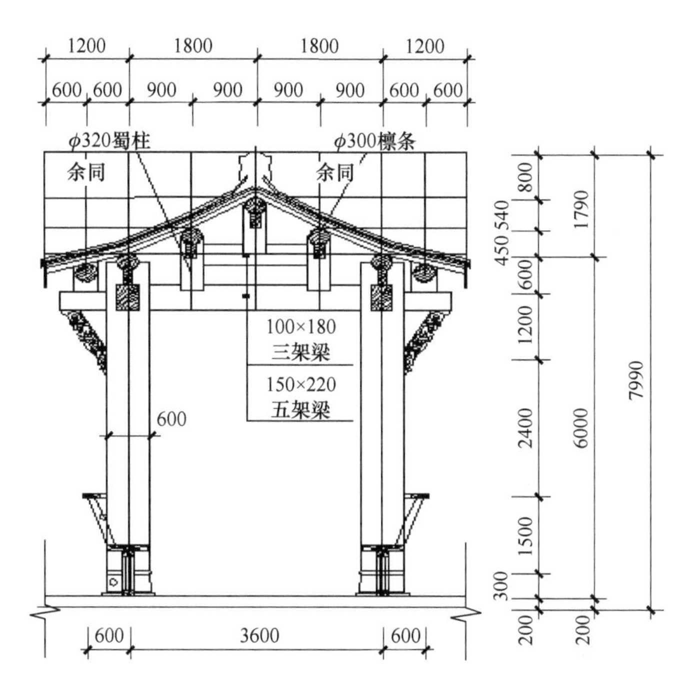

图 5-23　木架构剖面图

5.2.3　檩（桁）、枋、替木计量

下面介绍檩（桁）、枋、替木的计量方法。

（1）圆檩（桁）的计量为：

项目编码：020503001。

计量单位：m^3。

项目特征：1）构件名称、类别；2）木材品种；3）刨光要求。

工程量计算规则：按设计图示尺寸长乘以最大圆形或矩形截面面积以体积计算。

（2）方檩（桁）的计量为：

项目编码：020503002。

计量单位：m^3。

项目特征：1）构件名称、类别；2）木材品种；3）刨光要求。

工程量计算规则：按设计图示尺寸长乘以最大圆形或矩形截面面积以体积计算。

檩（桁）项目包括脊檩（桁）、轩檩（桁）、檐檩（桁）、挑檐檩（桁）等。

（3）扶脊木，又名帮脊木、檩带挂，其计量为：

项目编码：020503003。

计量单位：m^3。

项目特征：1）构件名称、类别；2）木材品种；3）刨光要求。

工程量计算规则：按设计图示尺寸长乘以最大圆形或矩形截面面积以体积计算。

（4）额枋，又名阑额、照面枋，其计量为：

项目编码：020503004。

计量单位：m^3。

项目特征：1）构件名称、类别；2）木材品种；3）刨光要求。

工程量计算规则：按设计图示尺寸以体积计算。

（5）檩（桁）枋的计量为：

项目编码：020503005。

计量单位：m^3。

项目特征：1）构件名称、类别；2）木材品种；3）刨光要求。

工程量计算规则：按设计图示尺寸以体积计算。

（6）平板枋，又名普拍方、平盘，其计量为：

项目编码：020503006。

计量单位：m^3。

项目特征：1）构件名称、类别；2）木材品种；3）刨光要求。

工程量计算规则：按设计图示尺寸以体积计算。

（7）随梁枋，又名夹底，其计量为：

项目编码：020503007。

计量单位：m^3。

项目特征：1）构件名称、类别；2）木材品种；3）刨光要求。

工程量计算规则：按设计图示尺寸以体积计算。

（8）承椽枋，又名由额、撩檐枋、扒山檩子或拦水枋，其计量为：

项目编码：020503008。

计量单位：m^3。

项目特征：1）构件名称、类别；2）木材品种；3）刨光要求。

工程量计算规则：按设计图示尺寸以体积计算。

（9）穿插枋的计量为：

项目编码：020503009。

计量单位：m^3。

项目特征：1）构件名称、类别；2）木材品种；3）刨光要求。

工程量计算规则：按设计图示尺寸以体积计算。

（10）替木的计量为：

项目编码：020503010。

计量单位：m^3。

项目特征：1）构件形制；2）木材品种；3）刨光要求。

工程量计算规则：按设计图示尺寸以体积计算。

【例 5-3】 某仿古建筑主体工程采用木架构，屋架檩条俯视平面图及木架构剖面图如图 5-24 所示，檩条直径 ϕ150 mm，随檩枋截面尺寸为 120 mm × 70 mm，额枋截面尺寸为 150 mm × 220 mm，挑枋尺寸为 340 mm × 100 mm × 150 mm。檩条与柱采用半榫连接，木材除檩条为杉木原木外，其余均为杉木一等锯材，且需刨光处理，试计算图示檩条、额枋、随檩枋、挑枋的工程量及编制其工程量清单。

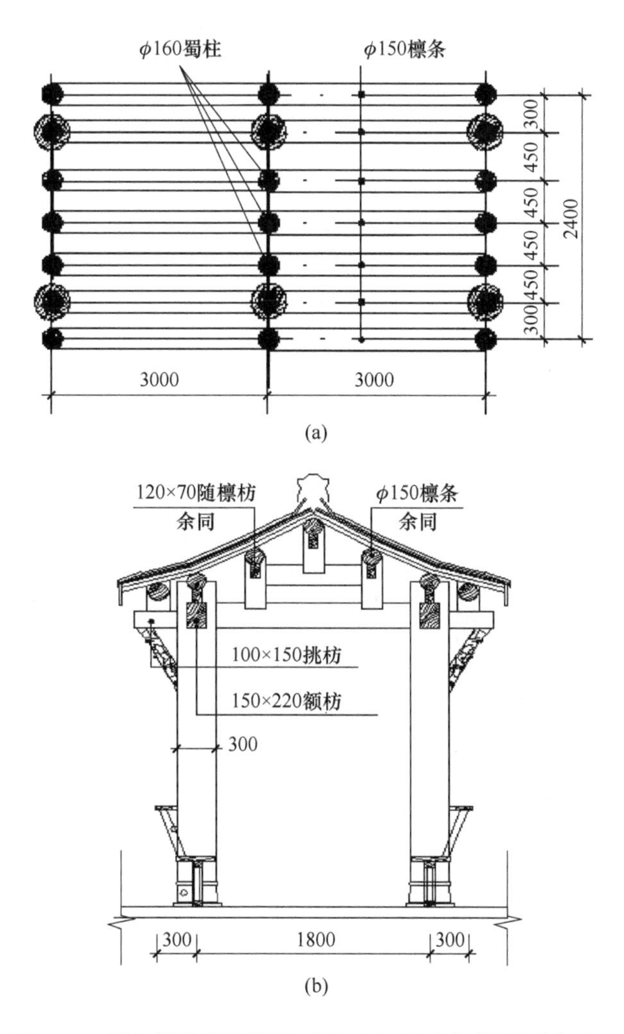

图 5-24 屋架檩条的俯视平面图（a）及木架构剖面图（b）

解：圆檩以 m^3 计量，计算规则为按设计图示尺寸长乘以最大圆形或矩形截面面积以体积计算。额枋、随梁枋、挑枋以 m^3 计量，计算规则为按设计图示尺寸以体积计算。

圆檩工程量：$V_1 = 3.14 \times 0.15 \times (0.15/4) \times (3+3) \times 7 = 0.74\ (m^3)$

额枋工程量：$V_2 = 0.15 \times 0.22 \times (3+3) \times 2 = 0.40\ (m^3)$

随檩枋工程量：$V_3 = 0.12 \times 0.07 \times (3+3) \times 5 = 0.25\ (m^3)$

挑枋工程量：$V_4 = 0.1 \times 0.15 \times 0.34 \times 6 = 0.03\ (m^3)$

檩条、额枋、随檩枋、挑枋的工程量清单见表 5-3。

表 5-3　檩条、额枋、随檩枋、挑枋的工程量清单

序号	项目编码	项目名称	项 目 特 征	计量单位	工程量
1	020503001001	圆檩	（1）构件名称、类别：圆檩； （2）构件规格：直径 ϕ150 mm； （3）木材品种：杉木原木； （4）刨光要求：须刨光处理，滚圆取直	m^3	0.74
2	020503004001	额枋	（1）构件名称、类别：额枋； （2）构件规格：截面尺寸为 150 mm × 220 mm； （3）木材品种：杉木一等锯材； （4）刨光要求：须刨光处理	m^3	0.40
3	020503005001	随檩枋	（1）构件名称、类别：随檩枋； （2）构件规格：截面尺寸为 120 mm × 70 mm； （3）木材品种：杉木一等锯材； （4）刨光要求：须刨光处理	m^3	0.25
4	020503009001	挑枋	（1）构件名称、类别：挑枋； （2）构件规格：340 mm × 100 mm × 150 mm； （3）木材品种：杉木一等锯材； （4）刨光要求：须刨光处理	m^3	0.03

5.2.4　楞木、承重计量

下面介绍楞木、承重的计量方法。

（1）圆楞木的计量为：

项目编码：020504001。

计量单位：m^3。

项目特征：1）构件规格；2）木材品种；3）刨光要求。

工程量计算规则：按设计图示尺寸长乘以最大圆形或矩形截面面积以体积计算。

（2）方楞木、沿边木的计量为：

项目编码：020504002。

计量单位：m^3。

项目特征：1）构件规格；2）木材品种；3）刨光要求。

工程量计算规则：按设计图示尺寸长乘以最大圆形或矩形截面面积以体积计算。

（3）承重，又名檐栿、铁尺枋或草栿，其计量为：

项目编码：020504003。

计量单位：m^3。

项目特征：1）构件规格；2）木材品种；3）刨光要求。

工程量计算规则：按设计图示尺寸长乘以最大圆形或矩形截面面积以体积计算。承重指用枋木制作的楼房楼地板搁栅下主木梁。

【例 5-4】 某仿古建筑凉亭为两层木架构，木架构剖面图和 1—1 剖面图如图 5-25 所示，两层承重枋截面尺寸分别为 120 mm×240 mm 和 100 mm×250 mm，两端与柱采用透榫连接。木材均为杉木一等锯材，且需刨光处理，试计算图示承重枋的工程量及编制其工程量清单。

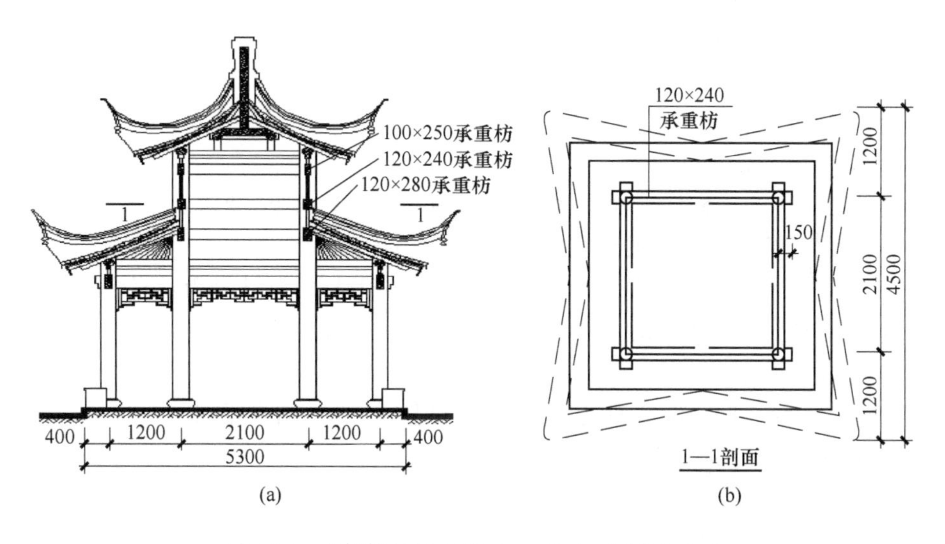

图 5-25 木架构的剖面图（a）和 1—1 剖面（b）

解： 承重以 m^3 计量，计算规则为按设计图示尺寸长乘以最大圆形或矩形截面面积以体积计算。

120×240 承重工程量：$V_1 = \{0.12 \times 0.24 \times [2.1 + (0.15 - 0.06) \times 2]\} \times 4 = 0.26\ (m^3)$

100×250 承重工程量：$V_2 = \{0.10 \times 0.25 \times [2.1 + (0.15 - 0.05) \times 2]\} \times 4 = 0.23\ (m^3)$

承重合计工程量：$V=0.26+0.23=0.49$（m^3）

承重的工程量清单见表5-4。

表5-4　承重的工程量清单

序号	项目编码	项目名称	项目特征	计量单位	工程量
1	020504003001	承重	（1）构件规格：截面尺寸分别为120 mm×240 mm和100 mm×250 mm； （2）木材品种：一等锯材； （3）刨光要求：须刨光处理	m^3	0.49

5.2.5　椽计量

椽包括圆椽、方椽、方罗锅椽等，下面介绍它们的计量方法。

（1）圆椽的计量为：

项目编码：020505001。

计量单位：m。

项目特征：1）构件截面尺寸；2）木材品种；3）刨光要求。

工程量计算规则：按设计图示尺寸以长度计算。

（2）方椽的计量为：

项目编码：020505002。

计量单位：m。

项目特征：1）构件截面尺寸；2）木材品种；3）刨光要求。

工程量计算规则：按设计图示尺寸以长度计算。

（3）方罗锅椽，罗锅椽又名曲椽、弯椽、弯圆椽，其计量为：

项目编码：020505003。

计量单位：根。

项目特征：1）构件截面尺寸；2）木材品种；3）刨光要求。

工程量计算规则：按设计图示以数量计算。

（4）圆荷包椽的计量为：

项目编码：020505004。

计量单位：根。

项目特征：1）构件截面尺寸；2）木材品种；3）刨光要求。

工程量计算规则：按设计图示以数量计算。

（5）圆罗锅椽的计量为：

项目编码：020504005。

计量单位：根。

项目特征：1）构件截面尺寸；2）木材品种；3）刨光要求。

工程量计算规则：按设计图示以数量计算。

（6）茶壶挡椽的计量为：

项目编码：020505006。

计量单位：根。

项目特征：1）构件截面尺寸；2）木材品种；3）刨光要求。

工程量计算规则：按设计图示以数量计算。

（7）飞椽，又名椽子、檐椽、椽子、桷子或椽子，其计量为：

项目编码：020505007。

计量单位：根。

项目特征：1）构件截面尺寸；2）木材品种；3）刨光要求。

工程量计算规则：按设计图示以数量计算。

（8）翘飞椽，又名立脚飞椽，其计量为：

项目编码：020505008。

计量单位：根。

项目特征：1）构件截面尺寸；2）木材品种；3）刨光要求。

工程量计算规则：按设计图示以数量计算。

（9）圆飞椽的计量为：

项目编码：020505009。

计量单位：根。

项目特征：1）构件截面尺寸；2）木材品种；3）刨光要求。

工程量计算规则：按设计图示以数量计算。

（10）圆翼角椽，翼角椽又名摔网椽，其计量为：

项目编码：020505010。

计量单位：m。

项目特征：1）构件截面尺寸；2）木材品种；3）刨光要求。

工程量计算规则：按设计图示尺寸以长度计算。

（11）方翼角椽的计量为：

项目编码：020505011。

计量单位：m。

项目特征：1）构件截面尺寸；2）木材品种；3）刨光要求。

工程量计算规则：按设计图示尺寸以长度计算。正身椽飞与翼角椽飞以起翘处分界。

【例5-5】 某仿古游廊双坡屋面椽条布置示意图如图5-26所示，屋脊标高为3.645 m，檐口标高为2.455 m，木椽条截面尺寸为100 mm×35 mm，中距240 mm，两端起步距离为100 mm。木材为杉木一等锯材，且需刨光处理，试计算图示木椽条的工程量及编制其工程量清单。

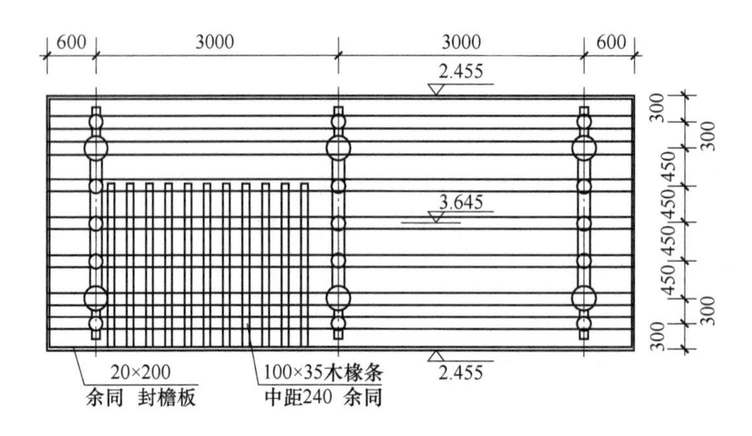

图 5-26　木椽条布置示意图

解：方椽以 m 计量，计算规则为按设计图示尺寸以长度计算。

方椽单根长度：$L_1 = \sqrt{(3.645-2.455)^2+(0.45+0.45+0.3+0.3)^2} = 1.91$ (m)

方椽根数：$N = [\text{取整}(0.6+3+3+0.6-0.1\times2)/0.24+1]\times2 = 62$(根)

方椽工程量：$L_2 = 1.91\times62 = 118.42$ (m)

方椽工程量清单见表 5-5。

表 5-5　方椽的工程量清单

序号	项目编码	项目名称	项 目 特 征	计量单位	工程量
1	020505002001	方椽	（1）构件截面尺寸：截面尺寸 100 mm × 35 mm； （2）木材品种：杉木一等锯材； （3）刨光要求：须刨光处理	m	118.42

5.2.6　翼角计量

翼角区域是指屋顶平面图中角部檐口斜出升高的区域，下面介绍它们的计量方法。

（1）老角梁、由戗，老角梁又名老戗、龙背或爪把子，其计量为：

项目编码：020506001。

计量单位：m^3。

项目特征：1）构件规格；2）木材品种；3）刨光要求。

工程量计算规则：按设计图示尺寸以体积计算。

（2）仔角梁，又名子角梁、嫩戗、爪或大刀木，其计量为：

项目编码：020506002。

计量单位：m^3。

项目特征：1）构件规格；2）木材品种；3）刨光要求。

工程量计算规则：按设计图示尺寸以体积计算。

（3）踩步金的计量为：

项目编码：020506003。

计量单位：m^3。

项目特征：1）构件规格；2）木材品种；3）刨光要求。

工程量计算规则：按设计图示尺寸以体积计算。

（4）虾须木，又名虾须，其计量为：

项目编码：020506004。

计量单位：m^3。

项目特征：1）构件规格；2）木材品种；3）刨光要求。

工程量计算规则：按设计图示尺寸以体积计算。

（5）菱角木，又名龙径木，其计量为：

项目编码：020506005。

计量单位：m^3。

项目特征：1）构件规格；2）木材品种；3）刨光要求。

工程量计算规则：按设计图示尺寸以体积计算。

（6）戗山木的计量为：

项目编码：020506006。

计量单位：m^3。

项目特征：1）构件规格；2）木材品种；3）刨光要求。

工程量计算规则：按设计图示尺寸以体积计算。

（7）千斤销的计量为：

项目编码：020506007。

计量单位：个。

项目特征：1）边长，长度；2）木材品种。

工程量计算规则：按设计图示以数量计算。

（8）鳖壳板的计量为：

项目编码：020506008。

计量单位：m^2。

项目特征：1）边长，长度；2）木材品种。

工程量计算规则：按设计图示尺寸以展开面积计算。

【例5-6】 某仿古建筑屋面四翼角的戗角大样如图5-27所示，老戗木截面尺寸为180 mm×150 mm，嫩戗木截面尺寸为180 mm×80 mm，大刀木厚80 mm，其图示面积为 0.56 m^2，木销钉尺寸 50 mm × 50 mm × 560 mm。木材为杉木一等锯材，且需刨光处理，试计算四翼角上图示老戗木、嫩戗木、大刀木、木销钉的工程量及编制其工程量清单。

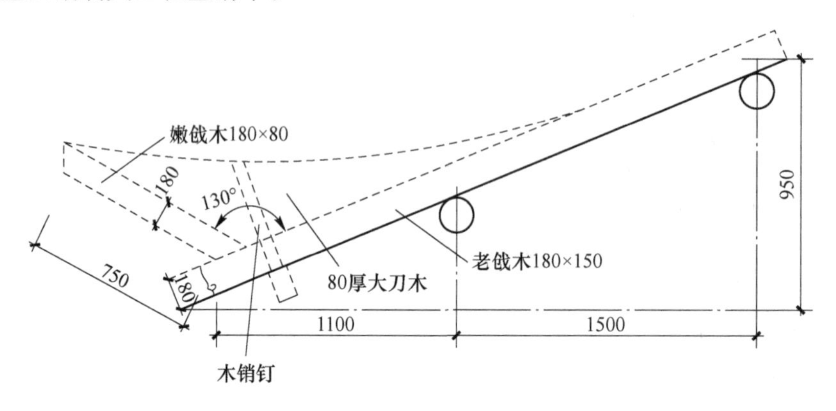

图 5-27　戗角大样

解：老戗木、嫩戗木、大刀木以 m^3 计量，计算规则为按设计图示尺寸以体积计算。木销钉以个计量，计算规则为按设计图示以数量计算。

老戗木工程量：$V_1 = \sqrt{(1.1 + 1.5)^2 + 0.95^2} \times 0.18 \times 0.15 \times 4 = 0.28$（$m^3$）

嫩戗木工程量：$V_2 = 0.75 \times 0.18 \times 0.08 \times 4 = 0.04$（$m^3$）

大刀木工程量：$V_3 = 0.56 \times 0.08 \times 4 = 0.18$（$m^3$）

木销钉工程量：$N = 4$ 个

老戗木、嫩戗木、大刀木、木销钉的工程量清单见表 5-6。

表 5-6　老戗木、嫩戗木、大刀木、木销钉的工程量清单

序号	项目编码	项目名称	项 目 特 征	计量单位	工程量
1	020506001001	老戗木	（1）构件规格：截面尺寸为 180 mm × 150 mm； （2）木材品种：杉木一等锯材； （3）刨光要求：须刨光处理	m^3	0.28
2	020506002001	嫩戗木	（1）构件规格：截面尺寸为 180 mm × 80 mm； （2）木材品种：杉木一等锯材； （3）刨光要求：须刨光处理	m^3	0.04
1	020506002002	大刀木	（1）构件规格：厚 80 mm，面积为 0.56 m^2； （2）木材品种：杉木一等锯材； （3）刨光要求：须刨光处理	m^3	0.18
1	020506007001	木销钉	（1）边长，长度：尺寸 50 mm × 50 mm × 560 mm； （2）木材品种：杉木一等锯材	个	4

5.2.7 斗栱计量

斗栱包括平身科斗栱、柱头科斗栱、角科斗栱等，下面介绍它们的计量方法。

（1）平身科斗栱，平身科又名补间铺作、桁间牌科、斗栱，其计量为：

项目编码：020507001。

计量单位：攒。

项目特征：1）构件名称、类型；2）斗口尺寸；3）木材品种；4）刨光要求；5）雕刻种类、形式。

工程量计算规则：按设计图示以数量计算。

（2）柱头科斗栱，柱头科又名柱斗铺作、牌科、斗栱，其计量为：

项目编码：020507002。

计量单位：攒。

项目特征：1）构件名称、类型；2）斗口尺寸；3）木材品种；4）刨光要求；5）雕刻种类、形式。

工程量计算规则：按设计图示以数量计算。

（3）角科斗栱，角科又名转角铺作、牌科、斗栱，其计量为：

项目编码：020507003。

计量单位：攒。

项目特征：1）构件名称、类型；2）斗口尺寸；3）木材品种；4）刨光要求；5）雕刻种类、形式。

工程量计算规则：按设计图示以数量计算。

（4）如意斗栱，又名网形科凤凰窠、蜂窝百斗栱，其计量为：

项目编码：020507004。

计量单位：攒。

项目特征：1）构件名称、类型；2）斗口尺寸；3）木材品种；4）刨光要求；5）雕刻种类、形式。

工程量计算规则：按设计图示以数量计算。

（5）其他科斗栱，又名溜金斗栱、琵琶科、溜金斗栱，其计量为：

项目编码：020507005。

计量单位：攒。

项目特征：1）构件名称、类型；2）斗口尺寸；3）木材品种；4）刨光要求；5）雕刻种类、形式。

工程量计算规则：按设计图示以数量计算。其他科斗栱项目包括溜金斗栱、隔架斗栱、非传统做法斗栱等。

（6）座斗的计量为：

项目编码：020507006。

计量单位：m^3。

项目特征：1）构件名称、类型；2）斗口尺寸；3）木材品种；4）刨光要求；5）雕刻种类、形式。

工程量计算规则：按设计图示尺寸以体积计算，座斗项目仅适用于独用的斗栱。

（7）垫栱板的计量为：

项目编码：020507007。

计量单位：m^2。

项目特征：1）板宽厚；2）木材品种；3）刨光要求；4）雕刻种类、形式。

工程量计算规则：按设计图示尺寸以投影面积计算，不扣除斗栱面积部分。

（8）撑弓，又名撑栱，其计量为：

项目编码：020507008。

计量单位：m。

项目特征：1）构件规格；2）木材品种；3）刨光要求；4）雕刻种类、形式；5）铁件种类、规格。

工程量计算规则：按设计图示尺寸以撑弓中线与柱、梁外皮交点的直线长度计算。

（9）斗栱保护网的计量为：

项目编码：020507009。

计量单位：m^2。

项目特征：1）材质；2）网眼目数。

工程量计算规则：按设计图示尺寸以展开面积计算。

【例 5-7】 某仿古凉亭屋顶底视图和 1—1 剖面图如图 5-28 所示，柱头科斗栱形式为一斗三升式，长宽高尺寸为 1387 mm × 1387 mm × 990 mm，斗口边长尺寸 354 mm，斗口 90 mm，升边长尺寸 273 mm，斗口尺寸为 90 mm，木材为杉木一等锯材，且须刨光处理，试计算该凉亭斗栱的工程量及编制其工程量清单。

解： 柱头科斗栱以攒计量，计算规则为按设计图示以数量计算。

柱头科斗栱工程量：$N = 4$ 攒

柱头科斗栱的工程量清单见表 5-7。

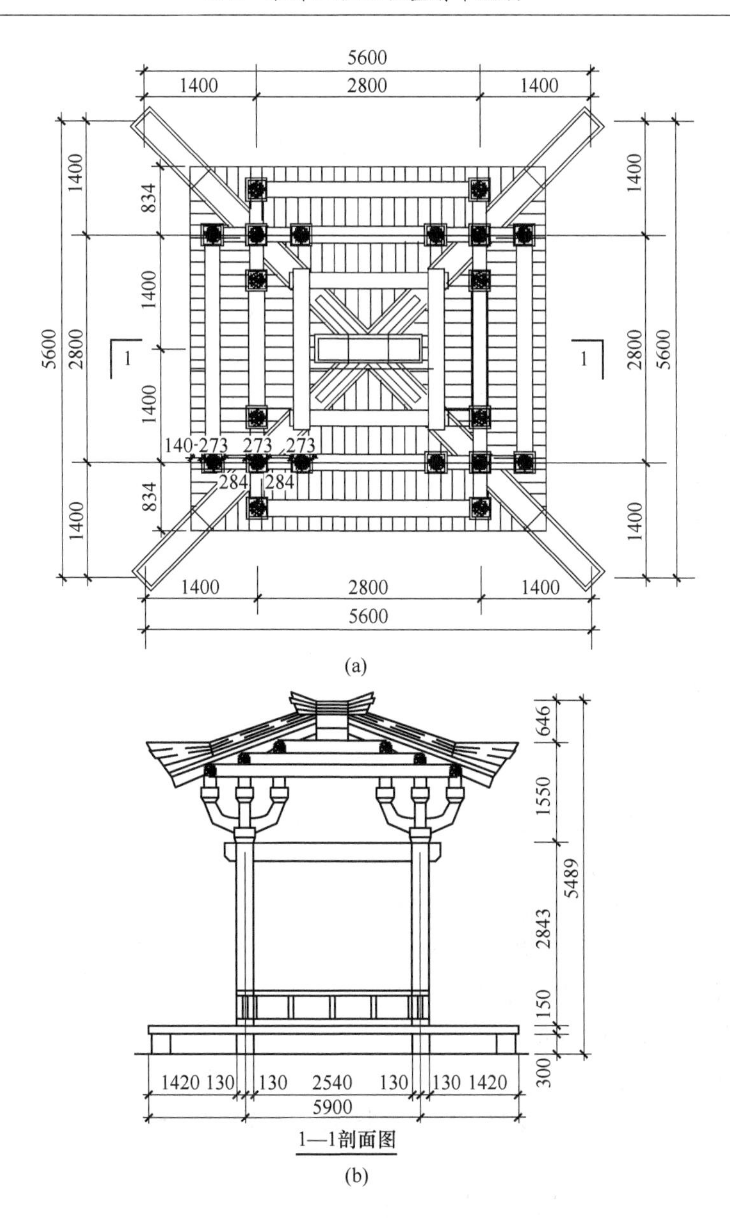

(a)

(b)

图 5-28 某仿古凉亭屋顶的底视图（a）和 1—1 剖面图（b）

表 5-7 柱头科斗栱的工程量清单

序号	项目编码	项目名称	项 目 特 征	计量单位	工程量
1	020507002001	柱头科斗栱	（1）构件名称、类型：柱头科斗栱； （2）斗口尺寸：斗口边长尺寸 354 mm，升边长尺寸 273 mm，斗口尺寸为 90 mm； （3）木材品种：杉木一等锯材； （4）刨光要求：须刨光处理	攒	4

5.2.8　木作配件计量

木作配件包括枕头木、梁垫、枫栱等，下面介绍它们的计量方法。

（1）枕头木，又名生头木、戗山木、斧老尖，其计量为：

项目编码：020508001。

计量单位：m^3。

项目特征：1）构件规格；2）木材品种；3）刨光要求；4）雕刻种类、形式。

工程量计算规则：按设计图示尺寸以体积计算。枕头木用于桁条两端上边处。

（2）梁垫的计量为：

项目编码：020508002。

计量单位：块。

项目特征：1）构件规格；2）木材品种；3）刨光要求；4）雕刻种类、形式。

工程量计算规则：按设计图示以数量计算。

（3）三幅云、云栱的计量为：

项目编码：020508003。

计量单位：块。

项目特征：1）构件规格；2）木材品种；3）刨光要求；4）雕刻种类、形式。

工程量计算规则：按设计图示以数量计算。

（4）角背、荷叶墩，角背又名合、山雾云、书背，荷叶墩又名伏兔栓斗、门臼、门斗或门包、门轴斗，其计量为：

项目编码：020508004。

计量单位：块。

项目特征：1）构件规格；2）木材品种；3）刨光要求；4）雕刻种类、形式。

工程量计算规则：按设计图示以数量计算。

（5）枫栱的计量为：

项目编码：020508005。

计量单位：块。

项目特征：1）构件规格；2）木材品种；3）刨光要求；4）雕刻种类、形式。

工程量计算规则：按设计图示以数量计算。

（6）水浪机的计量为：

项目编码：020508006。

计量单位：块。

项目特征：1）构件规格；2）木材品种；3）刨光要求；4）雕刻种类、形式。

工程量计算规则：按设计图示以数量计算。

（7）光面（短）机的计量为：

项目编码：020508007。

计量单位：块。

项目特征：1）构件规格；2）木材品种；3）刨光要求；4）雕刻种类、形式。

工程量计算规则：按设计图示以数量计算。

（8）丁头栱的计量为：

项目编码：020508008。

计量单位：块。

项目特征：1）构件规格；2）木材品种；3）刨光要求；4）雕刻种类、形式。

工程量计算规则：按设计图示以数量计算。

（9）角云、捧梁云，捧梁云又名丁华抹颏栱、山雾云或抱梁云花板，其计量为：

项目编码：020508009。

计量单位：块。

项目特征：1）构件规格；2）木材品种；3）刨光要求；4）雕刻种类、形式。

工程量计算规则：按设计图示以数量计算。

（10）雀替的计量为：

项目编码：020508010。

计量单位：块。

项目特征：1）构件规格；2）木材品种；3）刨光要求；4）雕刻种类、形式。

工程量计算规则：按设计图示以数量计算。

（11）插角、花牙子的计量为：

项目编码：020508011。

计量单位：块。

项目特征：1）构件规格；2）木材品种；3）刨光要求；4）雕刻种类、形式。

工程量计算规则：按设计图示以数量计算。

(12) 雀替下云墩的计量为：

项目编码：020508012。

计量单位：块。

项目特征：1）构件规格；2）木材品种；3）刨光要求；4）雕刻种类、形式。

工程量计算规则：按设计图示以数量计算。

(13) 壶瓶牙子的计量为：

项目编码：020508013。

计量单位：块。

项目特征：1）构件规格；2）木材品种；3）刨光要求；4）雕刻种类、形式。

工程量计算规则：按设计图示以数量计算。

(14) 通雀替的计量为：

项目编码：020508014。

计量单位：m。

项目特征：1）构件截面尺寸；2）木材品种；3）刨光要求。

工程量计算规则：按设计图示尺寸以长度计算。

(15) 踏脚木的计量为：

项目编码：020508015。

计量单位：m^3。

项目特征：1）构件截面尺寸；2）木材品种；3）刨光要求。

工程量计算规则：按设计图示尺寸以体积计算。

(16) 大连檐，又名飞魁、眠檐、吊檐或飘檐，其计量为：

项目编码：020508016。

计量单位：m。

项目特征：1）构件截面尺寸；2）木材品种；3）刨光要求。

工程量计算规则：按设计图示尺寸以长度计算。

(17) 小连檐，又名里口木、外吊檐或外飘檐，其计量为：

项目编码：020508017。

计量单位：m。

项目特征：1）构件截面尺寸；2）木材品种；3）刨光要求。

工程量计算规则：按设计图示尺寸以长度计算。

(18) 瓦口板的计量为：

项目编码：020508018。

计量单位：m。
项目特征：1）构件截面尺寸；2）木材品种；3）刨光要求。
工程量计算规则：按设计图示尺寸以长度计算。
（19）封檐板的计量为：
项目编码：020508019。
计量单位：m。
项目特征：1）构件截面尺寸；2）木材品种；3）刨光要求。
工程量计算规则：按设计图示尺寸以长度计算。
（20）闸挡板的计量为：
项目编码：020508020。
计量单位：m。
项目特征：1）构件截面尺寸；2）木材品种；3）刨光要求。
工程量计算规则：按设计图示尺寸以长度计算。
（21）椽椀板的计量为：
项目编码：020508021。
计量单位：m。
项目特征：1）构件截面尺寸；2）木材品种；3）刨光要求。
工程量计算规则：按设计图示尺寸以长度计算。
（22）隔椽板的计量为：
项目编码：020508022。
计量单位：m。
项目特征：1）构件截面尺寸；2）木材品种；3）刨光要求。
工程量计算规则：按设计图示尺寸以长度计算。
（23）垫板，又名草襻间、夹堂，其计量为：
项目编码：020508023。
计量单位：m^3。
项目特征：1）构件截面尺寸；2）木材品种；3）刨光要求。
工程量计算规则：按设计图示尺寸以体积计算。
（24）清水望板，望板又名版栈、滚檐板或遮檐板，其计量为：
项目编码：020508024。
计量单位：m^2。
项目特征：1）构件截面尺寸；2）木材品种；3）刨光要求。
工程量计算规则：按设计图示尺寸以展开面积计算。
（25）山花板，又名排山填板，其计量为：
项目编码：020508025。

计量单位：m^2。

项目特征：1）板宽厚度；2）木材品种；3）刨光要求；4）雕刻种类、形式。

工程量计算规则：按设计图示尺寸以展开面积计算。

（26）柁档的计量为：

项目编码：020508026。

计量单位：m^2。

项目特征：1）板宽厚度；2）木材品种；3）刨光要求；4）雕刻种类、形式。

工程量计算规则：按设计图示尺寸以展开面积计算。

（27）栏杆封板的计量为：

项目编码：020508027。

计量单位：m^2。

项目特征：1）板宽厚度；2）木材品种；3）刨光要求；4）雕刻种类、形式。

工程量计算规则：按设计图示尺寸以展开面积计算。栏杆封板只用于木栏杆里侧的封板，又称裙板。

（28）挂檐、滴珠板的计量为：

项目编码：020508028。

计量单位：m^2。

项目特征：1）板宽厚度；2）木材品种；3）刨光要求；4）雕刻种类、形式。

工程量计算规则：按设计图示尺寸以展开面积计算。

（29）博脊板，博脊又名曲脊，其计量为：

项目编码：020508029。

计量单位：m^2。

项目特征：1）板宽厚度；2）木材品种；3）刨光要求；4）雕刻种类、形式。

工程量计算规则：按设计图示尺寸以展开面积计算。

（30）棋枋板的计量为：

项目编码：020508030。

计量单位：m^2。

项目特征：1）板宽厚度；2）木材品种；3）刨光要求；4）雕刻种类、形式。

工程量计算规则：按设计图示尺寸以展开面积计算。

（31）博风（缝）板，又名搏风、拔风或搏缝板，其计量为：

项目编码：020508031。

计量单位：m^2。

项目特征：1）板宽厚度；2）木材品种；3）刨光要求；4）雕刻种类、形式；5）梅花钉要求。

工程量计算规则：按设计图示尺寸以展开面积计算。

（32）悬鱼（惹草），又名垂鱼（惹草、垂鱼、档尖），其计量为：

项目编码：020508032。

计量单位：块。

项目特征：1）板尺寸、厚度；2）木材品种；3）刨光要求；4）雕刻种类、形式。

工程量计算规则：按设计图示以数量计算。

【例 5-8】 某双坡屋面仿古建筑侧立面包括花牙子、悬鱼、博风板等木作配件，花牙子、悬鱼、博风板如图 5-29 所示，卷草花牙子尺寸为 500 mm（长）×300 mm（高）×60 mm（厚），博风板 400 mm（宽）×50 mm（厚），悬鱼板厚 50 mm，木材均为杉木一等锯材，且需刨光处理，试计算图示立面花牙子、悬鱼、博风板的工程量及编制其工程量清单。

解：花牙子、悬鱼以块计量，计算规则为按设计图示以数量计算。博风（缝）板以 m^2 计量，计算规则为按设计图示尺寸以展开面积计算。

花牙子工程量：$N_1 = 4$ 块

悬鱼工程量：$N_2 = 1$ 块

博风板工程量：$S = 6.08 \times 0.4 \times 2 = 4.86$（$m^2$）

花牙子、悬鱼、博风板的工程量清单见表 5-8。

表 5-8 花牙子、悬鱼、博风板的工程量清单

序号	项目编码	项目名称	项 目 特 征	计量单位	工程量
1	020508011001	花牙子	（1）构件规格：500 mm（长）×300 mm（高）×100 mm（厚）； （2）木材品种：杉木一等锯材； （3）刨光要求：需刨光处理； （4）雕刻种类、形式：卷草式	块	4
2	020508032001	悬鱼	（1）构件规格：厚 50 mm，面板详图； （2）木材品种：杉木一等锯材； （3）刨光要求：需刨光处理； （4）雕刻种类、形式：桃心式	块	1
3	020508031001	博风板	（1）板宽厚度：400 mm（宽）×50 mm（厚）； （2）木材品种：杉木一等锯材； （3）刨光要求：需刨光处理； （4）雕刻种类、形式：桃心式	m^2	4.86

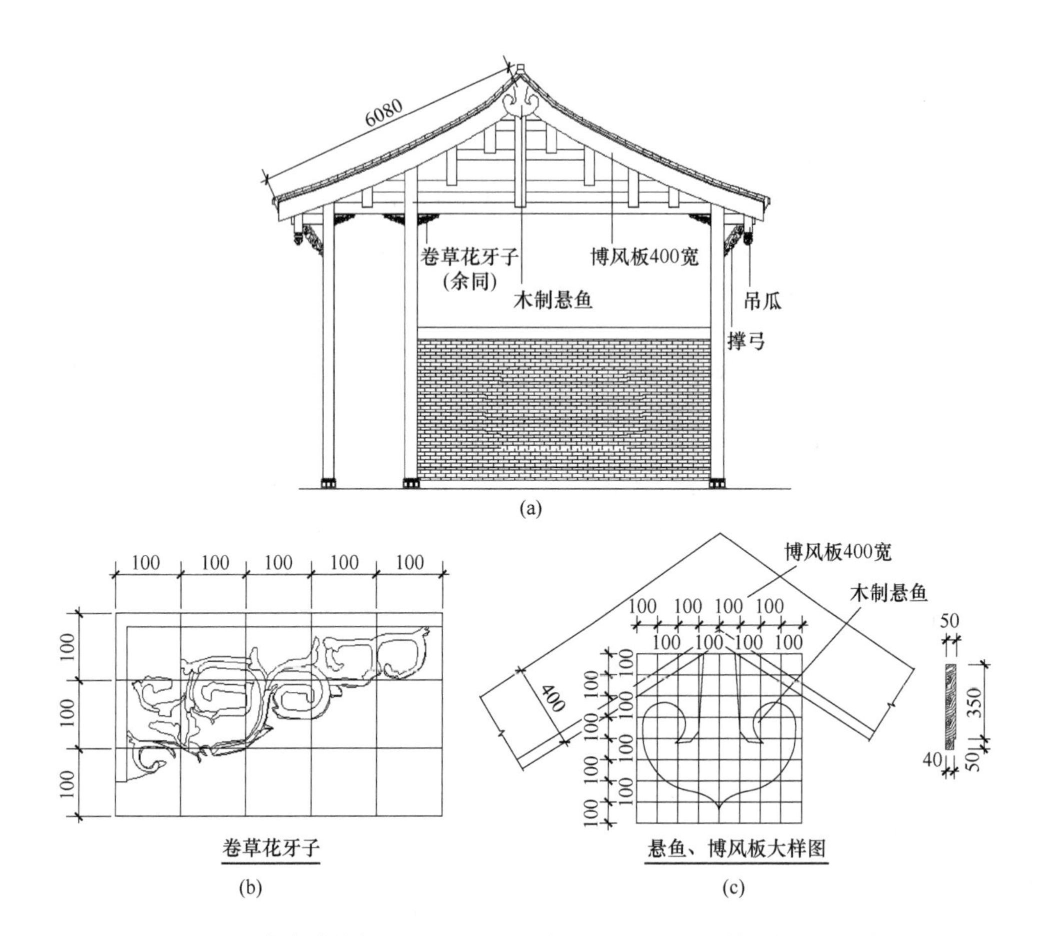

图5-29　某仿古建筑侧立面（a）和花牙子（b）、悬鱼、博风板（c）详图

5.2.9　古式门窗计量

古式门窗包括槅扇、槛窗、支摘窗等，下面介绍它们的计量方法。

（1）槅扇，又名格子门、格扇、框档门、长窗、槅门、格门或三关六扇门，其计量为：

项目编码：020509001。

计量单位：m^2。

项目特征：1）窗芯式样；2）心屉面积；3）木材品种；4）玻璃品种、厚度；5）安装方式；6）雕刻种类、形式。

工程量计算规则：按设计图示尺寸以洞口面积计算，无洞口尺寸时按框或扇框外围面积计算。

（2）槛窗，又名栏槛钩窗、地坪窗、半窗、短窗、开扇窗、推窗或双合窗，其计量为：

项目编码：020509002。

计量单位：m^2。

项目特征：1）窗芯式样；2）心屉面积；3）木材品种；4）玻璃品种、厚度；5）安装方式；6）雕刻种类、形式。

工程量计算规则：按设计图示尺寸以洞口面积计算，无洞口尺寸时按框或扇框外围面积计算。

（3）支摘窗，又名和合窗、提窗副窗、推窗副窗，其计量为：

项目编码：020509003。

计量单位：m^2。

项目特征：1）窗芯式样；2）心屉面积；3）木材品种；4）玻璃品种、厚度；5）安装方式。

工程量计算规则：按设计图示尺寸以洞口面积计算，无洞口尺寸时按框或扇框外围面积计算。

（4）横披窗，又名风窗、横披、横风窗花窗或豁（合）口窗、风窗，其计量为：

项目编码：020509004。

计量单位：m^2。

项目特征：1）窗芯式样；2）心屉面积；3）木材品种；4）玻璃品种、厚度；5）安装方式。

工程量计算规则：按设计图示尺寸以洞口面积计算，无洞口尺寸时按框或扇框外围面积计算。

（5）什锦窗，又名漏窗花窗，其计量为：

项目编码：020509005。

计量单位：m^2。

项目特征：1）窗芯式样；2）心屉面积；3）木材品种；4）玻璃品种、厚度；5）安装方式。

工程量计算规则：按设计图示尺寸以洞口面积计算，无洞口尺寸时按框或扇框外围面积计算。

（6）古式纱窗扇的计量为：

项目编码：020509006。

计量单位：m^2。

项目特征：1）窗芯式样；2）心屉面积；3）木材品种；4）玻璃品种、厚度；5）安装方式。

工程量计算规则：按设计图示尺寸以洞口面积计算，无洞口尺寸时按框或扇框外围面积计算。

（7）门连窗的计量为：

项目编码：020509007。

计量单位：m^2。

项目特征：1）窗芯式样；2）心屉面积；3）木材品种；4）玻璃品种、厚度；5）安装方式。

工程量计算规则：按设计图示尺寸以洞口面积计算，无洞口尺寸时按框或扇框外围面积计算。

（8）门窗框、槛、抱框，抱框又名搏频柱、抱柱、抱柱枋，其计量为：

项目编码：020509008。

计量单位：m。

项目特征：1）框截面尺寸；2）木材品种。

工程量计算规则：按设计图示尺寸以洞口周长计算，无洞口尺寸时按框或扇框外围周长计算。

（9）帘架横披框的计量为：

项目编码：020509009。

计量单位：m^2。

项目特征：1）门式样；2）框边挺截面尺寸、板厚度；3）木材品种；4）安装方式；5）雕刻种类、形式。

工程量计算规则：按设计图示尺寸以洞口面积计算，无洞口尺寸时按框或扇框外围面积计算。

（10）将军门的计量为：

项目编码：020509010。

计量单位：m^2。

项目特征：1）门式样；2）框边挺截面尺寸、板厚度；3）木材品种；4）安装方式；5）雕刻种类、形式。

工程量计算规则：按设计图示尺寸以洞口面积计算，无洞口尺寸时按框或扇框外围面积计算。

（11）实榻门的计量为：

项目编码：020509011。

计量单位：m^2。

项目特征：1）门式样；2）框边挺截面尺寸、板厚度；3）木材品种；4）安装方式；5）雕刻种类、形式。

工程量计算规则：按设计图示尺寸以洞口面积计算，无洞口尺寸时按框或扇框外围面积计算。

（12）撒带门的计量为：

项目编码：020509012。

计量单位：m^2。

项目特征：1）门式样；2）框边挺截面尺寸、板厚度；3）木材品种；4）安装方式；5）雕刻种类、形式。

工程量计算规则：按设计图示尺寸以洞口面积计算，无洞口尺寸时按框或扇框外围面积计算。

（13）棋盘（攒边）门的计量为：

项目编码：020509013。

计量单位：m^2。

项目特征：1）门式样；2）框边挺截面尺寸、板厚度；3）木材品种；4）安装方式；5）雕刻种类、形式。

工程量计算规则：按设计图示尺寸以洞口面积计算，无洞口尺寸时按框或扇框外围面积计算。

（14）直拼库门的计量为：

项目编码：020509014。

计量单位：m^2。

项目特征：1）门式样；2）框边挺截面尺寸、板厚度；3）木材品种；4）安装方式。

工程量计算规则：按设计图示尺寸以洞口面积计算，无洞口尺寸时按框或扇框外围面积计算。

（15）贡式堂门的计量为：

项目编码：020509015。

计量单位：m^2。

项目特征：1）门式样；2）框边挺截面尺寸、板厚度；3）木材品种；4）安装方式。

工程量计算规则：按设计图示尺寸以洞口面积计算，无洞口尺寸时按框或扇框外围面积计算。

（16）屏门的计量为：

项目编码：020509016。

计量单位：m^2。

项目特征：1）门式样；2）框边挺截面尺寸、板厚度；3）木材品种；4）安装方式。

工程量计算规则：按设计图示尺寸以洞口面积计算，无洞口尺寸时按框或扇框外围面积计算。

(17) 将军门刺的计量为：
项目编码：020509017。
计量单位：个。
项目特征：1) 构件规格；2) 木材品种；3) 雕刻种类、形式。
工程量计算规则：按设计图示以数量计算。
(18) 将军门竹丝的计量为：
项目编码：020509018。
计量单位：m^2。
项目特征：1) 构件规格；2) 木材品种；3) 雕刻种类、形式。
工程量计算规则：按设计图示尺寸以门扇面积计算。
(19) 门簪，又名阀关，其计量为：
项目编码：020509019。
计量单位：个。
项目特征：1) 构件规格；2) 木材品种；3) 雕刻种类、形式。
工程量计算规则：按设计图示以数量计算。
(20) 窗塌板的计量为：
项目编码：020509020。
计量单位：m^2。
项目特征：1) 板厚度；2) 木材品种；3) 雕刻种类、形式。
工程量计算规则：按设计图示尺寸以面积计算。
(21) 门头板、余塞板的计量为：
项目编码：020509021。
计量单位：m^2。
项目特征：1) 板厚度；2) 木材品种；3) 雕刻种类、形式。
工程量计算规则：按设计图示尺寸以面积计算。
(22) 木门枕的计量为：
项目编码：020509022。
计量单位：m^3。
项目特征：1) 截面尺寸；2) 木材品种。
工程量计算规则：按设计图示尺寸以竣工木构件体积计算。
(23) 过木的计量为：
项目编码：020509023。
计量单位：m^3。
项目特征：1) 截面尺寸；2) 木材品种。
工程量计算规则：按设计图示尺寸以竣工木构件体积计算。

（24）挑檐木的计量为：

项目编码：020509024。

计量单位：m^3。

项目特征：1）截面尺寸；2）木材品种。

工程量计算规则：按设计图示尺寸以竣工木构件体积计算。

（25）雨达板的计量为：

项目编码：020509025。

计量单位：m^2。

项目特征：1）板厚度；2）木材品种；3）刨光要求。

工程量计算规则：按设计图示尺寸以投影面积计算。

（26）古式门窗五金的计量为：

项目编码：020509026。

计量单位：副。

项目特征：1）型号尺寸、材质；2）式样。

工程量计算规则：按设计图示以数量计算。

（27）金属件的计量为：

项目编码：020509027。

计量单位：kg。

项目特征：1）型号尺寸，材质；2）防护材料种类、涂刷遍数。

工程量计算规则：按设计图示尺寸以质量计算。

（28）螺栓的计量为：

项目编码：020509028。

计量单位：根。

项目特征：1）螺栓品种、规格；2）螺栓长度；3）防护材料种类、涂刷遍数。

工程量计算规则：按设计图示以数量计算。

【例 5-9】 某仿古大院正大门平面图和正立面图如图 5-30 所示。正大门为 2400 mm × 3000 mm × 120 mm 实榻门，门框边挺截面尺寸 150 mm × 120 mm，转轴安装，门上部有六角形门簪边长为 200 mm，正面贴鬼脸；两侧边房门为 1000 mm × 2400 mm × 60 mm 撒带门，合页安装，两抹木雕花隔窗门洞面积为 1800 mm × 1600 mm，边梃断面为 65 mm × 50 mm，合页安装。门窗所用木材均为杉木一等锯材，且需刨光处理，试计算图示实榻门、撒带门、槛窗、门簪的工程量及编制其工程量清单。

解： 实榻门、撒带门以 m^2 计量，计算规则为按设计图示尺寸以洞口面积计算，无洞口尺寸时按框或扇框外围面积计算。槛窗以 m^2 计量，计算规则为按设

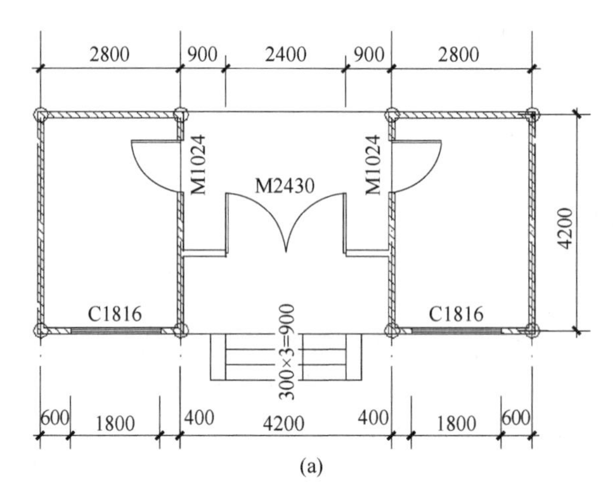

(a)

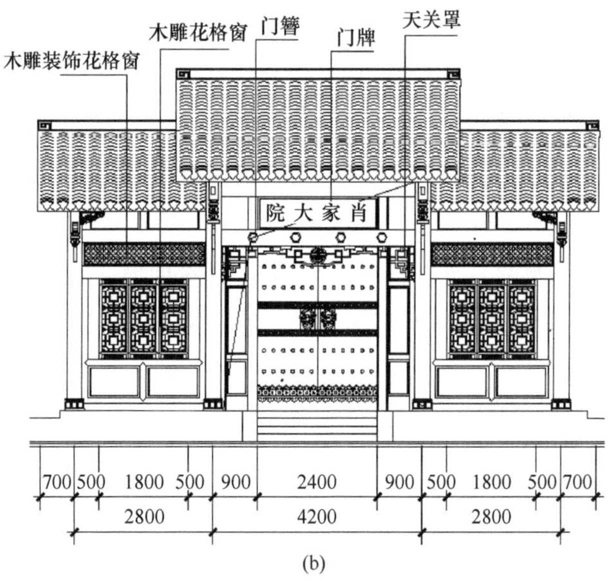

(b)

图 5-30 某仿古大院正大门平面图（a）和正立面图（b）

计图示尺寸以洞口面积计算，无洞口尺寸时按框或扇框外围面积计算。门簪以个计量，计算规则为按设计图示以数量计算。

实榻门工程量：$S_1 = 2.4 \times 3.0 = 7.20$（$m^2$）

撒带门工程量：$S_2 = 1.0 \times 2.4 \times 2 = 4.80$（$m^2$）

槛窗工程量：$S_3 = 1.8 \times 1.6 \times 2 = 5.76$（$m^2$）

门簪工程量：$N = 4$ 个

实榻门、撒带门、槛窗、门簪的工程量清单见表 5-9。

表 5-9 实榻门、撒带门、槛窗、门簪的工程量清单

序号	项目编码	项目名称	项 目 特 征	计量单位	工程量
1	020509011001	实榻门	（1）门式样：实榻门； （2）框边挺截面尺寸、板厚度：门框边挺截面尺寸 150 mm×120 mm，板厚 120 mm； （3）木材品种：杉木一等锯材； （4）安装方式：转轴安装	m^2	7.20
2	020509012001	撒带门	（1）门式样：实榻门； （2）门规格：1000 mm×2400 mm×60 mm； （3）木材品种：杉木一等锯材； （4）安装方式：合页安装	m^2	4.80
3	020509002001	槛窗	（1）窗芯式样：两抹木雕花隔窗； （2）窗规格：门洞面积为 1800 mm×1600 mm，边梃断面为 65 mm×50 mm； （3）木材品种：杉木一等锯材； （4）安装方式：合页安装	m^2	5.76
4	020509019001	门簪	（1）构件规格：六角形门簪边长为 200 mm； （2）木材品种：杉木一等锯材； （3）雕刻种类、形式：正面贴鬼脸	个	4

5.2.10 古式栏杆计量

古式栏杆包括寻杖、花栏杆等，下面介绍它们的计量方法。

（1）寻杖栏杆，又名华板、栏板或花板，其计量为：

项目编码：020510001。

计量单位：m^2。

项目特征：1）构件栏芯式样；2）框芯截面尺寸；3）板厚度；4）木材品种；5）刨光要求；6）雕刻种类、形式。

工程量计算规则：按设计图示尺寸，扶手上皮高度乘以扶手长度（包含望柱），以面积计算。

（2）花栏杆的计量为：

项目编码：020510002。

计量单位：m^2。

项目特征：1）构件栏芯式样；2）框芯截面尺寸；3）板厚度；4）木材品种；5）刨光要求；6）雕刻种类、形式。

工程量计算规则：按设计图示尺寸，扶手上皮高度乘以扶手长度（包含望柱），以面积计算。

（3）坐凳楣子，又名地脚窗、坐凳栏杆，其计量为：

项目编码：020510003。

计量单位：m^2。

项目特征：1）构件栏芯式样；2）框芯截面尺寸；3）板厚度；4）木材品种；5）刨光要求；6）雕刻种类、形式。

工程量计算规则：按设计图示尺寸，扶手上皮高度乘以扶手长度（包含望柱），以面积计算。

（4）坐凳面，又名坐槛面，其计量为：

项目编码：020510004。

计量单位：m^2。

项目特征：1）板厚度；2）木材品种；3）刨光要求。

工程量计算规则：按设计图示尺寸，扶手上皮高度乘以扶手长度（包含望柱），以面积计算。

【例 5-10】 某寻杖木栏杆立面图及1—1 剖面图如图 5-31 所示，木望柱尺寸为 120 mm × 120 mm × 1350 mm，宫万式栏芯（含扶手）尺寸 2520 mm × 1200 mm × 50 mm，所用木材均为一等锯材，且需刨光处理，试计算图示寻杖木栏杆的工程量及编制其工程量清单。

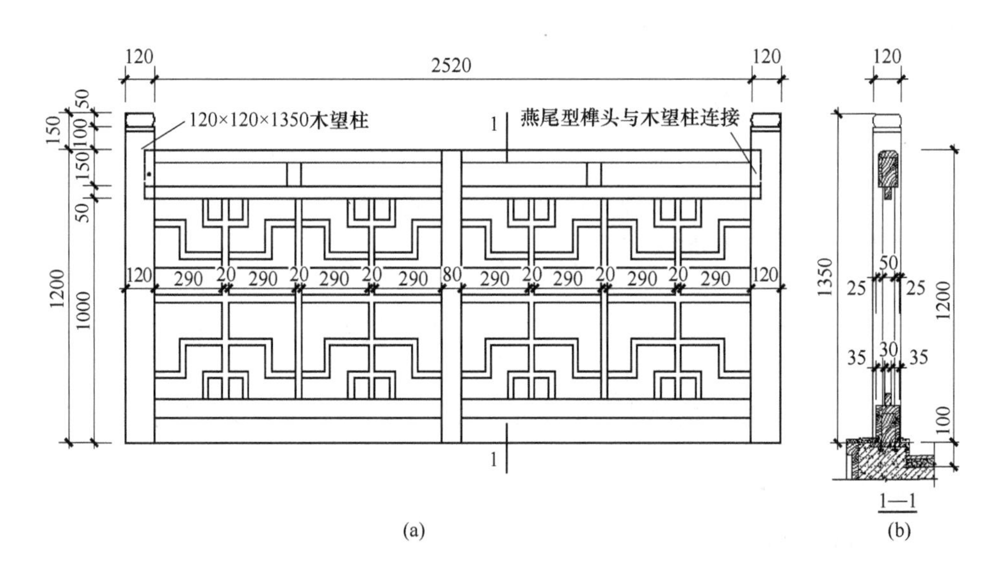

图 5-31　某寻杖木栏杆立面图（a）及 1—1 剖面图（b）

解： 寻杖栏杆以 m^2 计量，计算规则为按设计图示尺寸扶手上皮高度乘以扶手长度（包含望柱）以面积计算。

寻杖栏杆工程量：$S = (2.52 + 0.12 \times 2) \times 1.2 = 3.31$（$m^2$）

寻杖栏杆的工程量清单见表 5-10。

表 5-10 寻杖栏杆的工程量清单

序号	项目编码	项目名称	项 目 特 征	计量单位	工程量
1	020510001001	寻杖栏杆	（1）构件栏芯式样：宫万式栏芯； （2）框芯截面尺寸：厚 50 mm； （3）木材品种：一等锯材； （4）刨光要求：需刨光处理	m^2	3.31

5.2.11 鹅颈靠背、倒挂楣子、飞罩计量

下面介绍鹅颈靠背、倒挂楣子、飞罩的计量方法。

（1）鹅颈靠背的计量为：

项目编码：020511001。

计量单位：m。

项目特征：1）构件芯式样；2）构件高度；3）框截面尺寸；4）木材品种；5）雕刻种类、形式。

工程量计算规则：按设计图示尺寸以扶手长度（包含望柱）计算。

（2）倒挂楣子，又名吊窗，其计量为：

项目编码：020511002。

计量单位：m^2。

项目特征：1）构件芯式样；2）框截面尺寸；3）木材品种；4）雕刻种类、形式。

工程量计算规则：按设计图示尺寸以面积计算。

（3）飞罩，又名天观罩或天弯罩，其计量为：

项目编码：020511003。

计量单位：m^2。

项目特征：1）构件芯式样；2）框截面尺寸；3）木材品种；4）雕刻种类、形式。

工程量计算规则：按设计图示尺寸以面积计算。

（4）落地罩，又名落地帐，其计量为：

项目编码：020511004。

计量单位：m^2。

项目特征：1）构件芯式样；2）框截面尺寸；3）木材品种；4）雕刻种类、形式。

工程量计算规则：按设计图示尺寸以面积计算。

（5）须弥座的计量为：

项目编码：020511005。

计量单位：座。

项目特征：1）构件芯式样；2）构件长度、高度；3）用料截面尺寸；4）木材品种；5）雕刻种类、形式。

工程量计算规则：按设计图示以数量计算。

【例 5-11】 某仿古大院正大门平面图和正立面图如图 5-30 所示。宫万式天观罩总长 4390 mm，两端侧高 685 mm，用料截面尺寸 60 mm 厚，其中左半侧详图如图 5-32 所示，所用木材均为一等锯材，且需刨光处理，试计算图示天观罩的工程量及编制其工程量清单。

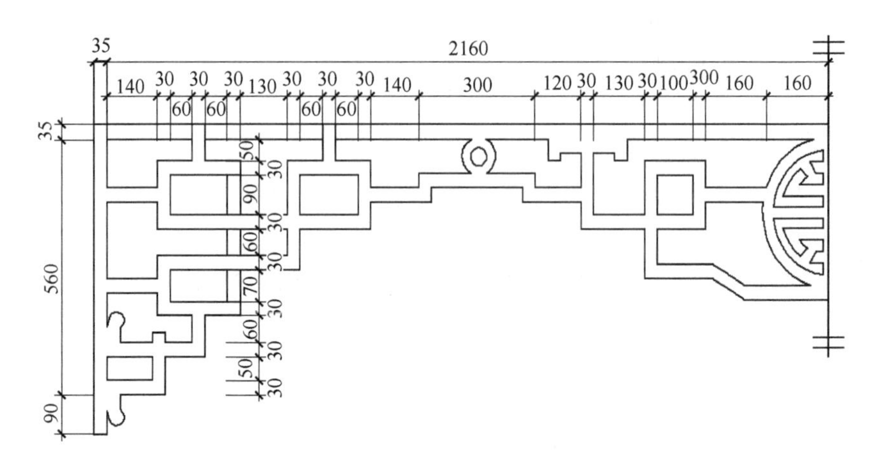

图 5-32　左半侧天观罩详图

解： 天观罩以 m^2 计量，计算规则为按设计图示尺寸以面积计算。

天观罩工程量：$S = (0.035 \times 0.685 + 0.17 \times 0.595 + 0.09 \times 0.515 + 0.09 \times 0.425 + 0.16 \times 0.325 + 0.18 \times 0.235 + 0.56 \times 0.175 + 0.16 \times 0.235 + 0.43 \times 0.325 + 0.32 \times 0.425) \times 2 = 1.43\ (m^2)$

天观罩的工程量清单见表 5-11。

表 5-11　天观罩的工程量清单

序号	项目编码	项目名称	项 目 特 征	计量单位	工程量
1	020511003001	天观罩	(1) 构件芯式样：宫万式； (2) 框截面尺寸：60 mm 厚； (3) 木材品种：一等锯材，且需刨光处理	m^2	1.43

5.2.12　墙、地板及天花计量

下面介绍墙、地板及天花的计量方法。

(1) 木地板的计量为：

项目编码：020512001。

计量单位：m^2。

项目特征：1）板厚度；2）木材品种；3）刨光要求。

工程量计算规则：按设计图示尺寸以主墙间净面积计算。

（2）木楼梯，楼梯又名胡梯、梯子，其计量为：

项目编码：020512002。

计量单位：m^2。

项目特征：1）板厚度；2）木材品种；3）刨光要求。

工程量计算规则：按设计图示尺寸以水平投影面积计算，不扣除宽度小于300 mm的楼梯井，伸入墙内部分不计算。

（3）栈板墙，又名太师壁、天衣无缝，其计量为：

项目编码：020512003。

计量单位：m^2。

项目特征：1）框、梁截面尺寸、板厚度；2）木材品种；3）刨光要求。

工程量计算规则：按设计图示尺寸的墙净长度乘以墙高，以面积计算。

（4）藻井、天花的计量为：

项目编码：020512004。

计量单位：m^2。

项目特征：1）板厚度；2）藻井、天花类型；3）木材品种；4）刨光要求；5）雕刻种类、形式。

工程量计算规则：按设计图示尺寸以垂直投影面积计算。

【例5-12】 某太师壁正立面图如图5-33所示，横向抹头为120 mm×30 mm

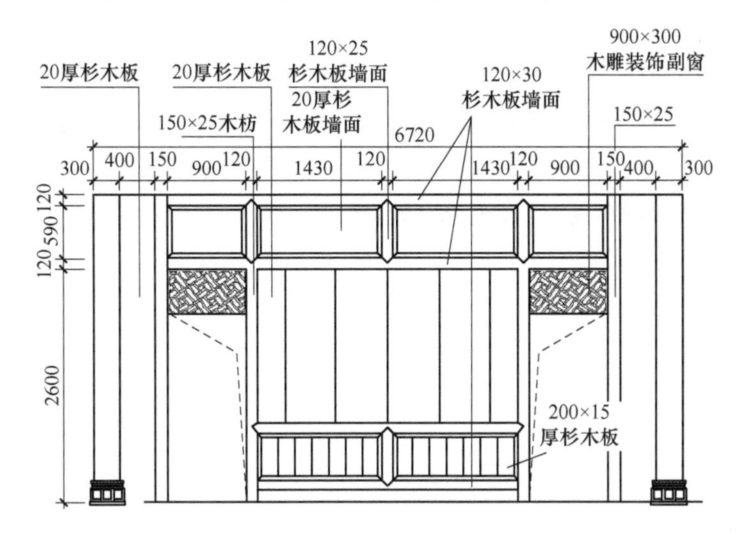

图5-33 某太师壁正立面图

杉木板，竖向边框为 150 mm × 25 mm 木枋，上部和中部嵌板为 20 mm 厚杉木板，下部嵌板为 200 mm × 15 mm 厚杉木板，门雕装饰副窗尺寸为 900 mm × 300 mm。所用木材均为一等锯材，且需刨光处理，试计算图示太师壁的工程量及编制其工程量清单。

解： 栈板墙以 m^2 计量，计算规则为按设计图示尺寸的墙净长度乘以墙高以面积计算。

太师壁工程量：$S=(6.72-0.3\times2)\times(2.6+0.12+0.59+0.12)-0.9\times2.6\times2=16.31\ (m^2)$

太师壁的工程量清单见表 5-12。

表 5-12　太师壁的工程量清单

序号	项目编码	项目名称	项 目 特 征	计量单位	工程量
1	020512003001	太师壁	（1）框、梁截面尺寸、板厚度：横向抹头为 120 mm × 30 mm 杉木板，竖向边框为 150 mm × 25 mm 木枋，上部和中部嵌板为 20 mm 厚杉木板，下部嵌板为 200 mm × 15 mm 厚杉木板； （2）木材品种：一等锯材； （3）刨光要求：需刨光处理	m^2	16.31

5.2.13　匾额、楹联及博古架计量

下面介绍匾额、楹联及博古架的计量方法。

（1）匾额的计量为：

项目编码：020513001。

计量单位：块。

项目特征：1）外形尺寸、板厚度；2）木材品种；3）刨光要求；4）雕刻种类、形式。

工程量计算规则：按设计图示以数量计算。

（2）楹联的计量为：

项目编码：020513002。

计量单位：块。

项目特征：1）外形尺寸、板厚度；2）木材品种；3）刨光要求；4）雕刻种类、形式。

工程量计算规则：按设计图示以数量计算。

（3）博古架的计量为：

项目编码：020513003。

计量单位：m^2。

项目特征：1）外形尺寸；2）木材品种；3）刨光要求。

工程量计算规则：按设计图示尺寸以正立面面积计算。

6 屋面工程及地面工程

6.1 屋面工程及地面工程概述

6.1.1 屋面工程及地面工程主要类型

屋面工程是指仿古建筑工程屋面基层上，进行各种与瓦活相关的制作和安装工作，包括底层苫背、屋面铺瓦、屋面筑脊等操作工艺。按屋顶形式可分为庑殿屋面、歇山屋面、硬山悬山屋面、攒尖屋面，按屋面檐口层数可分为单檐屋顶、重檐屋顶等，按屋脊形式可分为尖山顶式屋顶和卷棚顶式屋顶，按屋面瓦类型和材质可将屋面工程分为筒瓦屋面、琉璃屋面、小青瓦屋面等。本节主要以屋面瓦材质不同，分别介绍屋面工程相关构件或做法。

地面工程是指仿古建筑工程中，对地面的铺设，也称为“墁地”。按铺设砖料规格可分为方砖类和条砖类，按施工精细程度可分为细墁地面、粗墁地面等。本节主要以地面施工精细程度不同，分别介绍地面工程相关构件或做法。

6.1.1.1 屋面工程

A 筒瓦屋面

筒瓦屋面是用板瓦作底瓦，筒瓦作盖瓦组成的屋面，将瓦件由下而上，前后衔接成长条形的“瓦沟”和“瓦垄”，整个屋面由板瓦沟和筒瓦垄、沟垄相间铺筑而成，然后固定好屋檐滴水瓦和沟头瓦，即可完成筒瓦屋面的摆放工作。当瓦垄摆放完成后，要进行筒瓦裹垄，或筒瓦捉节夹垄。板瓦和筒瓦从外形看，其弧度不同，筒瓦的弧度大，有的接近半圆，而板瓦的弧度很小。板瓦仰铺在房顶上，筒瓦覆在两行板瓦间，如图 6-1 所示。

仿古建筑屋面为了排水，都做成坡面形式，有的屋面为四坡面（如庑殿、歇山建筑），有的为二坡面（如硬山、悬山建筑）。当屋顶有几个坡面连接时，在坡面连接处就存在有漏水或渗水的接缝，将遮盖连接缝以阻止漏水或渗水砌筑的埂子称为屋脊。为使仿古建筑屋面壮观，也需对屋脊加以装点，屋面筑脊的种类根据不同形式的屋面有所不同，包括有正脊、垂脊、戗（角）脊、围脊、博脊等，如图 6-2 所示。其中，窑制正脊是指通过灰浆层层叠砌定型窑制产品而成的正脊，滚筒正脊是指正脊下部分成圆弧形的底座，用两筒瓦对合筑成者。

(a)

(b)

图 6-1 筒瓦屋面（a）及其瓦材（b）

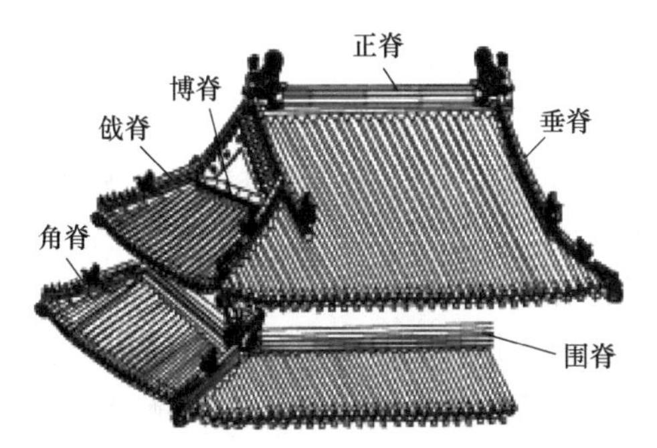

图 6-2 仿古建筑屋脊形式

B 琉璃屋面

用琉璃瓦铺筑屋面，称为琉璃瓦屋面。琉璃瓦色彩绚丽、质坚耐久、造型古朴，富有我国传统的民族特色。琉璃瓦品种繁多，造型各异，常用的有黄、绿、黑、蓝、青、紫等颜色。琉璃瓦适用于“大式”屋顶，即屋顶用筒瓦骑缝，屋脊使用特殊脊瓦，并有吻兽等装饰。琉璃瓦屋面可分为“瓦件”“屋脊部件”和“屋脊装饰件”三大类。

琉璃瓦剪边是屋面做法的一种，即在屋脊和檐口部分使用色彩、种类与屋面不同的瓦件，明显突出屋面的边际线，如图 6-3(a)所示。琉璃构件脊身都是用定型窑制产品，通过灰浆层层叠砌而成。脊身构件，因规模大小而有所不同，如按琉璃瓦的规格“样数”而定，从二样至九样，北京故宫建筑为最高等级，用二样瓦，一般殿堂用五样至七样，亭廊建筑用七样至九样。琉璃瓦排山是指对山墙顶部按排水构造要求用瓦件进行排序的一种操作，在排山基础上所做的脊，称为“排山脊”。因此，排山脊分为排山和脊身两部分，排山部分是由沟头瓦作分水垄，用滴子瓦作淌水槽，相互并联排列而成，一般称它为“排山沟滴”，如图 6-3(b)所示。

(a)

(b)

图 6-3　琉璃瓦剪边和琉璃排山
(a) 琉璃瓦剪边实物图；(b) 琉璃排山实物图

琉璃大吻就是挂琉璃釉的大吻，也叫作“琉璃正吻”。清代时以龙为吻形，所以又叫作“龙吻”。大吻是位于建筑正脊两端的装饰件，同时也有封护建筑两坡交汇点最易漏水部位的作用。琉璃兽就是挂有琉璃的脊走兽，这些走兽都是传说中的动物，有龙、风、马、狮子、海马、狻猊、押鱼、獬豸、斗牛等，有美好的寓意。套兽是传统建筑防水构件，安装在翼角或窝角梁梁头上，中部掏空，外形常塑异兽纹样，兼装饰作用，套兽一般由琉璃瓦制成，为狮子头或者龙头形状，如图 6-4(a)所示。琉璃宝顶就是外表满挂琉璃釉的宝顶，它安装在尖顶建筑屋顶正中的最上端，形状有方、有圆，也有一些相对复杂的变化形式，但以圆形的宝顶最为常见。圆形琉璃宝顶的主要构件有宝顶珠、圆当沟、圆主脚、圆形琉璃鼎座、圆形上下枋、圆形上下枭、圆束腰等，如图 6-4(b)所示。

C　小青瓦屋面

小青瓦在北方地区又叫作阴阳瓦，在南方地区叫作蝴蝶瓦、阴阳瓦，俗称合瓦，是一种弧形瓦。小青瓦可以做成各种形式的风格屋面，常见做法有阴阳瓦和干搓瓦。“阴阳瓦”也称合瓦做法，是将一俯一仰瓦相互扣盖的青瓦屋面，它将瓦件由下而上，前后衔接成长条形“瓦沟”和“瓦垄”，整个屋面由盖瓦垄和底瓦沟相间铺筑而成，屋面檐口安装花边瓦和滴水瓦，如图 6-5(a)所示。“干搓瓦”又称“干茬瓦”，干搓瓦屋面是只用仰瓦，相互错缝搭接放置，干搓瓦檐头不用特殊瓦件，只是用麻刀灰将檐口勾抹严实即可，如图 6-5(b)所示。小青瓦屋面按是否铺灰可分为铺灰与不铺灰两种做法，其中不铺灰者是将底瓦直接摆在椽上，然后再把盖瓦直接摆放在底瓦垄间，其间不放任何灰泥。

(a)

(b)

图 6-4 琉璃兽和琉璃宝顶
（a）琉璃兽实物图；（b）琉璃宝顶实物图

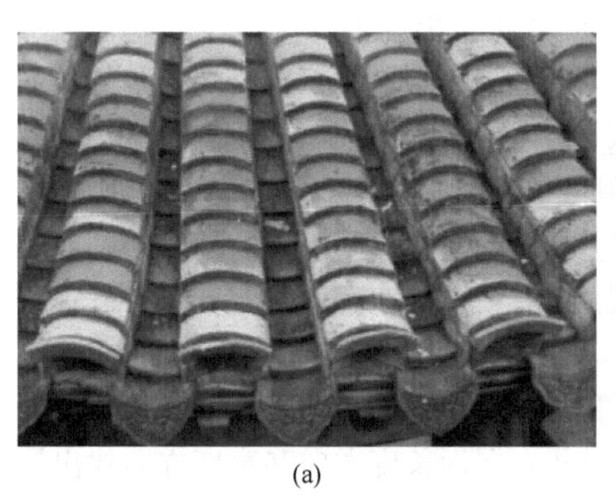

(a)

(b)

图 6-5 合瓦屋面和干搓瓦屋面
（a）合瓦屋面实物图；（b）干搓瓦屋面实物图

6.1.1.2 地面工程

细墁地面做法的砖料要经过砍磨加工，加工后的砖规格统一，砖面平整光洁，用它铺墁的地面也非常平整、洁净、美观，并且还比较坚固耐用。细墁地面多用于室内，较为讲究的建筑才将细墁砖铺地用在室外。按照砖料规格分类不同，可分为细墁方砖和细墁条砖。

粗墁地面的砖料不需经过加工处理，不浸泡桐油，砖缝可稍大，但仍应要求缝齐面平，因此它施工简单易行，多用于要求不高的室内和室外地面。按铺设材质可分为石料地面和砖料地面，其中按照砖料规格分类不同，又可分为糙墁方砖和糙墁条砖、糙墁其他砖。

散水是保护台明周边和甬路两边免受雨水冲刷的一种墁地，由于它一般只起保护作用，故多要求不高，宽度也不大，只用砖墁即可。常用的砖墁散水形式有细墁散水和糙墁散水。墁石子地是指除甬路和散水之外的石铺地面，分为满铺和散铺；满铺石子地是指在一块地面上全部铺砌石子；散铺石子地是指在一块地面上分几个小块铺砌石子。其他相关地面工程详见前述章节，本节不再赘述。

6.1.2 屋面工程及地面工程主要做法与构造

6.1.2.1 屋面工程

仿古建筑屋顶的屋面材料包括传统合瓦（蝴蝶瓦、阴阳瓦、小青瓦）、筒瓦、琉璃瓦；屋面泥瓦活的操作工艺，包括底层苫背、屋面铺瓦和屋面筑脊等。底层苫背是指瓦作最底层的铺垫工艺，起防水、保温、隔离等作用。屋面铺瓦是指在苫背（补衬）基础上，对瓦垄进行分中、排瓦当、铺瓦等操作，是屋面隔水、排水的主要工艺层。屋面筑脊是指在屋面铺瓦完成后，对坡屋面的接头部位进行填实补缝、装饰造型等的操作工艺。

采用传统苫背做法时，天沟须在顺流水方向做出高差，沟底赶轧坚实、平顺，无局部凹凸；在天沟断面做出下凹，以形成主流水道。采用水泥砂浆替代泥背时，天沟部位应沿天沟中心线增设防水垫层附加层，宽度不应小于 1000 mm；顺流水方向铺设防水垫层。檐口部位采用传统苫背做法时，灰背应抹出连檐之外，采用水泥砂浆替代泥背时，檐口部位应增设防水垫层附加层。严寒地区或大风区域，应采用自粘聚合物沥青防水垫层加强，下翻宽度不应小于 100 mm，屋面铺设宽度不应小于 900 mm。

屋面防水、保温垫层（泥背）应采用当地传统做法。铺瓦操作工艺分为分中、排瓦当、号垄、拴线、铺瓦等。分中是指在屋面长度方向和宽度方向找出屋面的中心线，作为铺筑屋面底瓦的中心线，在施工中称为“底瓦坐中”。排瓦当是指以中间和两边底瓦为标准，分别在左右两个区域放置瓦口木，使瓦口木两端波谷正好落在所定瓦口位置上，再加以固定。号垄是指将瓦口木波峰的中点平移到屋脊扎肩的灰背上，并做出标记。拴线按上所述，确定好瓦垄位置后，即可在两列边垄位置铺筑两垄底瓦和一垄盖瓦，以此为准，在屋面正脊、中腰、檐口等位置拴三道横线，作为整个屋面瓦垄的铺筑标准。铺瓦按照瓦垄位置，由檐口向上，先抹灰铺底瓦，后铺盖瓦，再捉节裹垄等。

传统建筑屋脊造型的选用应与建筑的规模、功能相呼应，屋脊的形式应与当地传统建筑的风格相一致，屋脊的类型须与该建筑屋面相统一。其中，琉璃屋脊的传统构造应符合下列规定：

（1）圆山（卷棚）式硬、悬山建筑的正脊，在前后屋面灰背之上用三块或五块“折腰瓦”，一块或三块“罗锅瓦”相互连续搭接铺设即可。垂脊可用“铃铛排山”“箍头脊”和“卷棚罗锅脊”等，构造由下到上分别为铃铛瓦、当沟，垂兽之后是垂通脊、盖脊筒瓦；垂兽之前则是螳螂勾头、咧角揣头、咧角撺头、仙人走兽等，构造方法应按传统处理。仙人走兽的使用需遵传统建筑规定。

（2）尖山式硬、悬山建筑的正脊构造，由下到上分别为当沟、压当条、群色条、正通脊、扣脊筒瓦。垂脊构造与圆山相似。正脊与垂脊须交圈处理，交接处安正吻。正脊脊吻以及仙人走兽的样式、规格应符合传统建筑规定。

（3）庑殿建筑的正脊构造与尖山相似。垂脊的下部用斜当沟，其上与尖山式硬、悬山建筑相似。

（4）歇山建筑的正脊有“过垄脊”和“大脊”两种。一般较重要的建筑用大脊，其正脊、垂脊构造与尖山相似；园林建筑用过垄脊，其正脊构造、垂脊与圆山相似。戗脊构造与庑殿建筑相似。博脊自下而上应做出正当沟、压当条、博脊连砖、博脊瓦，博脊两端须隐入排山沟滴中。

（5）攒尖建筑的屋脊，宝顶造型应按设计或古建筑相关规定选用。垂脊做法可参照庑殿。

（6）重檐建筑的上檐屋面的屋脊构造与庑殿、歇山建筑相同。下檐围脊由下到上依次为当沟、压当条、博通脊、蹬脚瓦、满面砖。角脊构造与歇山戗脊相同，合角处用合角吻。

大式黑活屋脊的传统构造应符合下列规定：

（1）圆山（卷棚）式硬、悬山建筑的屋脊构造。其正脊是在前后屋面顶端灰背上施用“续折腰”“正折腰”与“续罗锅”“正罗锅”以形成前后兜通的屋脊。垂脊构造自下到上分别为铃铛瓦、当沟，在垂兽之后为瓦条、混砖、陡板、眉子，垂兽之前则有圭角、瓦条、咧角盘子，上列狮、马。构造方法应按传统处理，狮、马样式与施用需遵传统建筑规定。

（2）尖山式硬、悬山建筑的屋脊构造。在正脊前后屋面相交处的底瓦上铺灰，扣放瓦圈，其上是当沟、瓦条、混砖、陡板、眉子。垂脊构造与圆山相似，可参照执行。正脊与垂脊须交圈处理，交接处安正吻。有将眉子改用筒瓦的，称“三砖五瓦脊”；或将陡板换成“花瓦”的，称“玲珑脊”。这两种屋脊的垂脊构造也需做相应的改换，正脊脊吻以及狮、马样式、规格应符合传统建筑规定。

（3）庑殿建筑的正脊构造与尖山相同。垂脊的下部用斜当沟，其上与圆山式硬、悬山建筑相似。

（4）大式黑活歇山建筑极少用“过垄脊”，正脊、垂脊构造与尖山相似；戗脊构造与庑殿建筑相似；博脊自下而上为当沟、瓦条、混砖、眉子，形式或可参歇山照琉璃屋脊。

（5）攒尖的宝顶多为宝顶座加宝珠，造型应按古建筑相关规定或设计确定。垂脊做法可参照庑殿。

（6）重檐建筑的上檐屋面与屋脊构造与庑殿、歇山建筑相同。下檐围脊形式与歇山博脊相似，也可参照尖山正脊。角脊构造与庑殿垂脊相同。

小式黑活屋脊的传统构造应符合下列规定：

（1）小式硬、悬山建筑的正脊有筒瓦过垄脊、鞍子脊、合瓦过垄脊、清水脊、皮条脊、扁担脊等各种形式。筒瓦过垄脊的构造与大式尖山黑活屋脊相同；鞍子脊用合瓦，与合瓦过垄脊基本相似，区别在于前者在瓦圈之上置当沟条头砖，后者不用；皮条脊较复杂，屋面两侧做出两垄“低坡垄”，正脊也在两端形成小脊，小脊由枕头瓦、盖瓦泥、条砖等构成，大脊则由圭角、盘子、枕头瓦、瓦条、草砖等组成；皮条脊与大式圆山黑活屋脊相似；扁担脊较简单，用于简陋的民居。

（2）小式硬、悬山建筑的垂脊通常用于卷棚顶，正脊不用大脊，其形式有铃铛排山脊、披水排山脊和披水梢垄等数种。铃铛排山脊在屋面外缘用排山沟滴，垂脊为箍头脊形式，屋脊自下而上为当沟、瓦条、混砖、眉子沟、眉子；披水排山脊外缘以披水取代排山沟滴，屋脊自下而上为胎子砖、瓦条、混砖、眉子沟、眉子；披水梢垄是在博风砖上施“披水砖”，然后在边垄底瓦和披水砖间铺设筒瓦。

（3）小式歇山建筑的正脊通常用过垄脊，瓦件为筒瓦。当使用合瓦时，正脊用鞍子脊；结构同小式硬、悬山建筑。垂脊为箍头脊结构与小式硬、悬山建筑相同。戗脊的结构处理与垂脊近似。博脊与大式黑活歇山建筑基本相同。

（4）小式攒尖建筑的屋脊和大式基本相同。宝顶通常用宝珠式，其尺度应与建筑相协调，比例须符合传统做法；垂脊与小式歇山建筑的戗脊相同。

（5）地方厅堂、平房等建筑的屋脊设计须符合当地古建筑传统做法。

6.1.2.2　地面工程

仿古建筑地面以砖墁地为主，砖墁地包括方砖类和条砖类两种。方砖类包括尺二方砖、尺四方砖、尺七方砖以及金砖等，条砖类包括城砖、地趴砖、亭泥砖、四丁砖等。城砖和地趴砖可统称为“大砖地”，亭泥和四丁砖可统称为“小砖地”。石活地面也是古建地面的常见形式，包括条石地面、仿方砖形式的方石板地面、毛石地面、碎拼石板（冰裂纹）地面和卵石地面（石子地）等。

细墁地面的做法首先垫层处理。普通砖墁地可用素土或灰土夯实作为垫层。大式建筑的垫层比较讲究，至少要用几步灰土作为垫层。重要的宫殿建筑常以墁砖的方式作为垫层，层数可由三层多达十几层，立置与平置交替铺墁。其间不铺灰泥，每铺一层砖，灌一次生石灰浆，称为“铺浆作法”。按设计标高抄平，室内地面可按平线在四面墙上弹出墨线，其标高应以柱顶盘为准。廊心地面应向外做出“泛水”。冲趟，在两端拴好曳线并各墁一趟砖、即为“冲趟”。室内方砖地面，应在室内正中再冲一趟砖、样趟。在两道曳线间栓一道卧线，以卧线为标准铺泥墁砖。注意泥不要抹得太平太足，即应打成“鸡窝泥”。砖应平顺，砖缝应严密。揭趟、浇浆，将墁好的砖揭下来，必要时可逐一打号，以便对号入座。泥的低洼之处可做必要的补垫，然后在泥上泼洒白灰浆。胶浆时要从每块砖的右手位置沿对角线向左上方浇。上缝，在砖的里口砖棱处抹上油灰。为确保灰能粘住（不“断条”），砖的两肋要用麻刷沾水刷湿，必要时可用矾水刷棱。但应注意刷水的位置要稍靠下，不要刷到棱上。挂完油灰后把砖重新墁好，然后手执墩锤，木棍朝下，以木棍在砖上连续地戳动前进即为上缝。要将砖“叫”平“叫”实，缝要严，砖棱应跟线。铲齿缝，又称墁干活，用竹片将表面多余的油灰铲掉，然后用磨头或砍砖工具斧子将砖与砖之间凸起的部分（相邻砖高低差）磨平或铲平。刹趟，以卧线为标准，检查砖棱，如有多出，要用磨头磨皮。以后每一行都如此操作，全部墁好后，还要做打点，砖面上如有残缺或砂眼，要用砖药打点齐整。墁水活并擦净，将地面重新检查一下，如有凸凹不平，要用磨头沾水磨平。磨平之后应将地面全部沾水揉磨一遍，最后擦拭干净。最后钻生，在地面完全干透后，在地面上倒桐油，油的厚度可为 3 cm 左右。钻生时要用灰耙来回推搂，钻生的时间因具体情况可长可短，重要的建筑应钻到喝不进去的程度为止，次要建筑可酌情减少浸泡时间。起油，将多余的桐油要用厚牛皮等物刮去。呛生，在生石灰面中掺入青灰面，拌合后的颜色以近似砖色为宜，然后把灰撒在地面上，厚 3 cm 左右，2 ~3 天后即可刮去。擦净，将地面扫净后，用软布反复擦揉地面。石活仿方砖地面的操作方法与细墁地面做法相似，但不刹趟、不漫水活，也不钻油。

糙墁地面的操作方法是砖料应按要求进行筛选，可不砍磨加工、不抹油灰，不揭趟、不刹趟、不漫水钻生，应采用砂或白灰将砖缝扫满、扫平。

甬路根据所用的材料可分为砖墁甬路和石墁甬路，趟数应为单数。甬路的宽窄按其所处位置的重要性决定，最重要的甬路砖的趟数应最多，砖的排列以路心为中，成单数排列，如 3 路、5 路、7 路等。甬路路面应成肩形或鱼脊形，路面应中间高、两边低，以利排水顺畅。大式建筑的甬路，牙子可用石活。

海墁即指将除了甬路和散水以外的全部室外地面铺墁的做法。室外墁地的先后顺序应为：砸散水，冲甬路，最后才做海墁。海墁地面应考虑到全院的排水问题。甬路砖的通缝一般应与甬路平行（斜墁者除外），而海墁砖的通缝应与甬路互相垂直，方砖甬路尤其如此。排砖应从甬路开始，如有“破活”，应安排到院内最不显眼的地方。

房屋周围的散水，其宽度应根据出檐的远近或建筑的体量决定，从屋檐流下的水能砸在散水上。散水要有泛水，里口应与台明的土衬石找平，外口应按室外海墁地面找平。由于土衬石为水平而室外地面并不水平，因此散水的里、外两条线不是在同一个平面内，即散水两端的栽头大小不同。

6.2　屋面工程及地面工程工程量清单编制

6.2.1　筒瓦屋面计量

筒瓦屋面包括筒瓦屋面、窑制正脊、滚筒正脊等，下面介绍它们的计量方法。

（1）筒瓦屋面，筒瓦又名瓦，其计量为：

项目编码：020601001。

计量单位：m^2。

项目特征：1）屋面类型；2）铺设方式；3）瓦件规格；4）铁件种类、规格；5）基层材料种类；6）灰浆种类及配合比。

工程量计算规则：按设计图示尺寸以屋面至飞椽头或封檐口的斜面积计算。其中，不扣除脊、勾头、滴水及屋面附件所占的面积，筒瓦抹面（纸筋粉筒瓦）并入屋面中。各部位边线规定如下：檐头以木基层或砖檐外边线为准；屋面坡面为曲线者，坡长按曲线长计算；硬山、悬山建筑，两山以博风外皮为准；歇山建筑挑山边线与硬山、悬山相同；撒头上边线以博风外皮连线为准；重檐建筑，下层檐上边线以重檐金柱（或重檐童柱）外皮连线为准；带角梁的建筑，檐头长度以仔角梁端头中点连接直线为准，屋角飞檐冲出部分面积不增加。

（2）窑制正脊，正脊又名脊干，其计量为：

项目编码：020601002。

计量单位：m。

项目特征：1）脊类型、位置；2）脊件类型、规格；3）高度；4）铁件种类、规格；5）灰浆种类及配合比。

工程量计算规则：按设计图示尺寸以水平长度计算。

（3）滚筒正脊的计量为：

项目编码：020601003。

计量单位：m。

项目特征：1）脊类型、位置；2）脊件类型、规格；3）高度；4）铁件种类、规格；5）灰浆种类及配合比。

工程量计算规则：按设计图示尺寸以长度计算。

（4）滚筒戗脊，戗脊又名角脊，其计量为：

项目编码：020601004。

计量单位：m。

项目特征：1）戗脊长度；2）脊件类型、规格；3）高度；4）灰浆种类及配合比。

工程量计算规则：按设计图示尺寸以戗头至翼角椽根部（上廊桁或步桁中心）弧形长度计算。

（5）垂脊，又名竖带，其计量为：

项目编码：020601005。

计量单位：m。

项目特征：1）脊件类型、规格；2）高度；3）灰浆种类及配合比。

工程量计算规则：按设计图示尺寸以长度计算。

（6）过垄脊的计量为：

项目编码：020601006。

计量单位：m。

项目特征：1）瓦脊类型、位置；2）瓦件类型；3）高度；4）铁件种类、规格；5）灰浆种类及配合比。

工程量计算规则：按设计图示尺寸以长度计算。

（7）围墙瓦顶的计量为：

项目编码：020601007。

计量单位：m。

项目特征：1）铺设类型；2）瓦件类型；3）瓦件规格；4）铁件种类、规格；5）灰浆种类及配合比。

工程量计算规则：按设计图示尺寸以长度计算。

（8）筒瓦排山的计量为：

项目编码：020601008。

计量单位：m。

项目特征：1）瓦件类型；2）瓦件规格；3）灰浆种类及配合比。

工程量计算规则：按设计图示尺寸以长度计算。

（9）檐头附件的计量为：

项目编码：020601009。

计量单位：m。

项目特征：1）瓦件类型；2）瓦件规格；3）铁件种类、规格；4）灰浆种类及配合比。

工程量计算规则：按设计图示尺寸以长度计算。

（10）斜沟的计量为：

项目编码：020601010。

计量单位：m。

项目特征：1）瓦件类型；2）瓦件规格；3）铁件种类、规格；4）灰浆种类及配合比。

工程量计算规则：按设计图示尺寸以长度计算。

（11）套兽，又名吞头，其计量为：

项目编码：020601011。

计量单位：只。

项目特征：1）构件类型；2）构件规格尺寸；3）铁件种类、规格；4）灰浆种类及配合比。

工程量计算规则：按设计图示以数量计算。

（12）戗脊捲头的计量为：

项目编码：020601012。

计量单位：只。

项目特征：1）构件规格尺寸；2）雕塑形式；3）铁件种类、规格；4）灰浆种类及配合比。

工程量计算规则：按设计图示以数量计算。

（13）窑制吻兽的计量为：

项目编码：020601013。

计量单位：座。

项目特征：1）构件类型；2）构件规格尺寸；3）铁件种类、规格；4）灰浆种类及配合比。

工程量计算规则：按设计图示以数量计算。

（14）脊刹的计量为：

项目编码：020601014。

计量单位：座。

项目特征：1）构件类型；2）构件规格尺寸；3）铁件种类、规格；4）灰浆种类及配合比。

工程量计算规则：按设计图示以数量计算。

（15）宝顶，又名中堆，其计量为：

项目编码：020601015。

计量单位：座。

项目特征：1）构件类型；2）构件规格尺寸；3）铁件种类、规格；4）灰浆种类及配合比。

工程量计算规则：按设计图示以数量计算。

（16）云冠的计量为：

项目编码：020601016。

计量单位：座。

项目特征：1）构件类型；2）构件规格尺寸；3）铁件种类、规格；4）灰浆种类及配合比。

工程量计算规则：按设计图示以数量计算。

【例 6-1】 某大殿为歇山筒瓦屋面俯视图和正立面图如图 6-6 所示，混凝土板上采用 M10 干混抹灰砂浆铺素筒瓦，素筒瓦规格综合，瓦楞距为 250 mm，歇山两侧山花板底边为 1500 mm，试计算图示筒瓦屋面的工程量及编制其工程量清单。

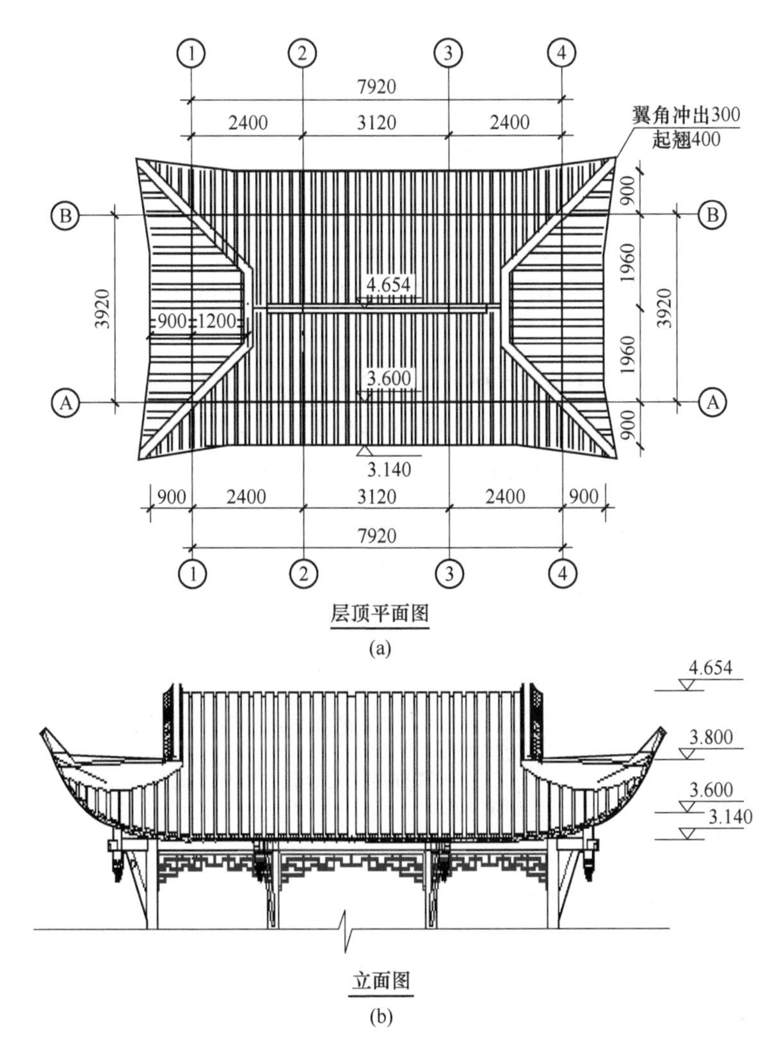

图 6-6　某大殿为歇山筒瓦屋面的俯视图（a）和正立面图（b）

解： 筒瓦屋面以 m^2 计量，计算规则为按设计图示尺寸以屋面至飞椽头或封檐口的斜面积计算。其中，不扣除脊、勾头、滴水及屋面附件所占的面积，筒瓦抹面（纸筋粉筒瓦）并入屋面中。各部位边线规定如下：檐头以木基层或砖檐外边线为准；屋面坡面为曲线者，坡长按曲线长计算；硬山、悬山建筑，两山以博风外皮为准；歇山建筑挑山边线与硬山、悬山相同；撒头上边线以博风外皮连线为准；重檐建筑，下层檐上边线以重檐金柱（或重檐童柱）外皮连线为准；带角梁的建筑，檐头长度以仔角梁端头中点连接直线为准，屋角飞檐冲出部分面积不增加。

（1）双坡屋面处：

屋面斜长：$L_1=\sqrt{(4.654-3.14)^2+(1.96+0.9)^2}=3.24$（m）

双坡屋面处面积 = 矩形面积 + 梯形面积：

矩形面积 $S_1=(4.654-3.8)/(4.654-3.14)\times3.24\times(2.4+3.12+2.4-1.2\times2)=10.09$（$m^2$）

梯形面积 $S_2=[(2.4+3.12+2.4-1.2\times2)+(7.92+0.9\times2)]\times(3.8-3.14)/(4.654-3.14)\times3.24/2=10.76$（$m^2$）

双坡屋面面积：$S_3=(10.09+10.76)\times2=41.70$（$m^2$）

（2）歇山处：

屋面斜长：$L_2=\sqrt{(3.8-3.14)^2+(0.9+1.2)^2}=2.20$（m）

歇山两侧屋面面积：$S_4=(1.5+3.92+0.9\times2)\times2.2/2\times2=15.88$（$m^2$）

筒瓦屋面工程量合计：$S=41.70+15.88=57.58$（m^2）

筒瓦屋面的工程量清单见表 6-1。

表 6-1　筒瓦屋面的工程量清单

序号	项目编码	项目名称	项 目 特 征	计量单位	工程量
1	020601001001	筒瓦屋面	（1）屋面类型：大殿歇山筒瓦屋面； （2）铺设方式：混凝土板上铺素筒瓦； （3）瓦件规格：素筒瓦规格综合，瓦楞距为 250 mm； （4）灰浆种类及配合比：M10 干混抹灰砂浆	m^2	57.58

6.2.2　小青瓦屋面计量

小青瓦屋面包括望砖、望瓦、小青瓦屋面，下面介绍它们的计量方法。

（1）望砖的计量为：

项目编码：020603001。

计量单位：m^2。

项目特征：1）望砖规格尺寸；2）望砖形式；3）铺设位置；4）铺设辅材要求。

工程量计算规则：按设计图示尺寸以屋面至飞椽头或封檐口的斜面积计算。

其中，不扣除脊、勾头、滴水及屋面附件所占的面积，望砖扣除翘飞椽板卷戗板面积，增加飞檐隐蔽部分。各部位边线规定如下：檐头以木基层或砖檐外边线为准；屋面坡面为曲线者，坡长按曲线长度计算；硬山、悬山建筑，两山以博风外皮为准；歇山建筑挑山边线与硬山、悬山相同；撒头上边线以博风外皮连线为准；重檐建筑，下层檐上边线以重檐金柱（或重檐童柱）外皮连线为准；带角梁的建筑，檐头长度以仔角梁端头中点连接直线为准，屋角飞檐冲出部分面积不增加。

（2）望瓦的计量为：

项目编码：020603002。

计量单位：m^2。

项目特征：1）望瓦规格尺寸；2）铺设位置；3）铺设辅材要求。

工程量计算规则：按设计图示尺寸以屋面至飞椽头或封檐口的斜面积计算。其中，不扣除脊、勾头、滴水及屋面附件所占的面积；望砖扣除翘飞椽板卷戗板面积，增加飞檐隐蔽部分。各部位边线规定如下：檐头以木基层或砖檐外边线为准；屋面坡面为曲线者，坡长按曲线长度计算；硬山、悬山建筑，两山以博风外皮为准；歇山建筑挑山边线与硬山、悬山相同；撒头上边线以博风外皮连线为准；重檐建筑，下层檐上边线以重檐金柱（或重檐童柱）外皮连线为准；带角梁的建筑，檐头长度以仔角梁端头中点连接直线为准，屋角飞檐冲出部分面积不增加。

（3）小青瓦屋面的计量为：

项目编码：020603003。

计量单位：m^2。

项目特征：1）屋面类型；2）瓦件规格尺寸；3）铁件种类、规格；4）基层材料种类；5）灰浆种类及配合比。

工程量计算规则：按设计图示尺寸以屋面至飞椽头或封檐口的斜面积计算。其中，不扣除脊、勾头、滴水及屋面附件所占的面积；望砖扣除翘飞椽板卷戗板面积，增加飞檐隐蔽部分。各部位边线规定如下：檐头以木基层或砖檐外边线为准；屋面坡面为曲线者，坡长按曲线长度计算；硬山、悬山建筑，两山以博风外皮为准；歇山建筑挑山边线与硬山、悬山相同；撒头上边线以博风外皮连线为准；重檐建筑，下层檐上边线以重檐金柱（或重檐童柱）外皮连线为准；带角梁的建筑，檐头长度以仔角梁端头中点连接直线为准，屋角飞檐冲出部分面积不增加。

【例 6-2】 某弧形游廊屋面俯视图如图 6-7 所示，混凝土板上采用 M10 干混抹灰砂浆铺小青瓦，小青瓦规格综合，瓦楞距为 250 mm，屋脊标高为 4. 930 m，檐口底标高为 3. 220 m，试计算图示小青瓦屋面的工程量及编制其工程量清单。

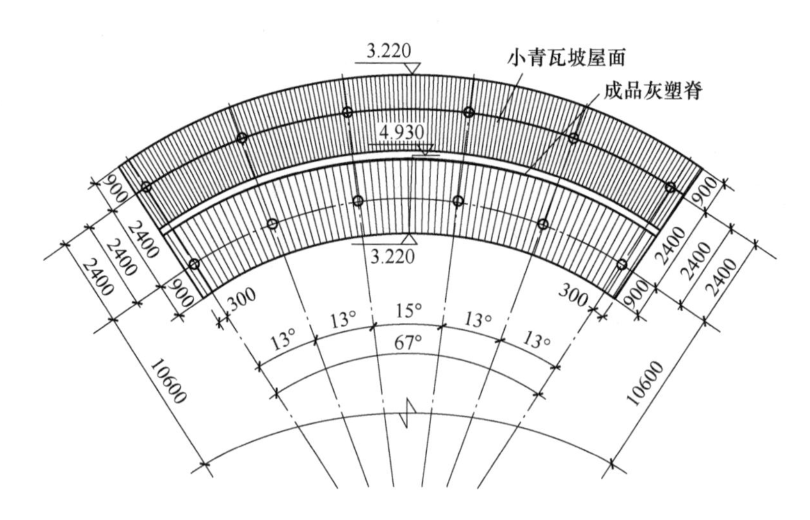

图 6-7　某弧形游廊屋面俯视图

解：小青瓦屋面以 m^2 计量，计算规则按设计图示尺寸以屋面至飞椽头或封檐口的斜面积计算。其中，不扣除脊、勾头、滴水及屋面附件所占的面积；望砖扣除翘飞椽板卷戗板面积，增加飞檐隐蔽部分。各部位边线规定如下：檐头以木基层或砖檐外边线为准；屋面坡面为曲线者，坡长按曲线长度计算；硬山、悬山建筑，两山以博风外皮为准；歇山建筑挑山边线与硬山、悬山相同；撒头上边线以博风外皮连线为准；重檐建筑，下层檐上边线以重檐金柱（或重檐童柱）外皮连线为准；带角梁的建筑，檐头长度以仔角梁端头中点连接直线为准，屋角飞檐冲出部分面积不增加。

（1）屋面斜长：$L=\sqrt{(4.93-3.22)^2+(1.2+0.9)^2}=2.71$（m）

（2）内外弧长：$L_{内}=67/180\times3.14\times(10.6+0.15)+0.3\times2=13.16$（m）

$L_{外}=67/180\times3.14\times(10.6+2.4-0.15)+0.3\times2=15.62$（m）

（3）小青瓦屋面工程量：$S=13.16\times2.71+15.62\times2.71=77.99$（$m^2$）

小青瓦屋面的工程量清单见表 6-2。

表 6-2　小青瓦屋面的工程量清单

序号	项目编码	项目名称	项 目 特 征	计量单位	工程量
1	020603003001	小青瓦屋面	（1）屋面类型：弧形游廊屋面； （2）瓦件规格尺寸：小青瓦规格综合，瓦楞距为 250 mm； （3）基层材料种类：混凝土板； （4）灰浆种类及配合比：M10 干混抹灰砂浆	m^2	77.99

6.2.3 细墁地面计量

细墁地面包括细墁方砖和细墁条砖，下面介绍它们的计量方法。

（1）细墁方砖的计量为：

项目编码：020701001。

计量单位：m^2。

项目特征：1）铺设部位；2）铺设花纹要求；3）砖品种、规格；4）甬道交叉、转角砖缝分位等式样；5）垫层材料种类、厚度；6）结合层厚度；7）嵌缝材料种类；8）钻生要求；9）灰浆种类及配合比。

工程量计算规则：按设计图示尺寸以面积计算，不扣除柱顶石、垛、柱、佛像底座、间壁墙、附墙烟囱以及单个面积小于或等于0.3 m^2 的孔洞等所占面积。

（2）细墁条砖的计量为：

项目编码：020701002。

计量单位：m^2。

项目特征：1）铺设部位；2）铺设花纹要求；3）砖品种、规格；4）甬道交叉、转角砖缝分位等式样；5）垫层材料种类、厚度；6）结合层厚度；7）嵌缝材料种类；8）钻生要求；9）灰浆种类及配合比。

工程量计算规则：按设计图示尺寸以面积计算，不扣除柱顶石、垛、柱、佛像底座、间壁墙、附墙烟囱以及单个面积小于或等于0.3 m^2 的孔洞等所占面积。

6.2.4 糙墁地面计量

糙墁地面包括粗墁方砖、糙墁条砖、石板面等，下面介绍它们的计量方法。

（1）粗墁方砖的计量为：

项目编码：020702001。

计量单位：m^2。

项目特征：1）铺设部位；2）铺设花纹要求；3）砖品种、规格；4）甬道交叉、转角砖缝分位等式样；5）垫层材料种类、厚度；6）结合层厚度；7）嵌缝材料种类；8）钻生要求；9）灰浆种类及配合比。

工程量计算规则：按设计图示尺寸以面积计算，室内地面以主墙间面积计算，不扣除柱顶石、垛、柱、佛像底座、间壁墙、附墙烟囱、单个面积小于或等于0.3 m^2 的孔洞等所占面积；室外地面（不包括牙子所占面积）应扣除单个面积大于0.5 m^2 的树池、花坛等所占面积。

（2）糙墁条砖的计量为：

项目编码：020702002。

计量单位：m^2。

项目特征：1）铺设部位；2）铺设花纹要求；3）砖品种、规格；4）甬道交叉、转角砖缝分位等式样；5）垫层材料种类、厚度；6）结合层厚度；7）嵌缝材料种类；8）钻生要求；9）灰浆种类及配合比。

工程量计算规则：按设计图示尺寸以面积计算，室内地面以主墙间面积计算，不扣除柱顶石、垛、柱、佛像底座、间壁墙、附墙烟囱、单个面积小于或等于0.3 m^2 的孔洞等所占面积；室外地面（不包括牙子所占面积）应扣除单个面积大于0.5 m^2 的树池、花坛等所占面积。

（3）糙墁其他砖的计量为：

项目编码：020702003。

计量单位：m^2。

项目特征：1）铺设部位；2）铺设花纹要求；3）砖品种、规格；4）甬道交叉、转角砖缝分位等式样；5）垫层材料种类、厚度；6）结合层厚度；7）嵌缝材料种类；8）钻生要求；9）灰浆种类及配合比。

工程量计算规则：按设计图示尺寸以面积计算，室内地面以主墙间面积计算，不扣除柱顶石、垛、柱、佛像底座、间壁墙、附墙烟囱、单个面积小于或等于0.3 m^2 的孔洞等所占面积；室外地面（不包括牙子所占面积）应扣除单个面积大于0.5 m^2 的树池、花坛等所占面积。

（4）石板面的计量为：

项目编码：020702004。

计量单位：m^2。

项目特征：1）铺设部位；2）石料种类、构件规格；3）甬道交叉部分铺设的式样；4）垫层材料种类、厚度；5）结合层厚度；6）勾缝要求；7）灰浆种类及配合比。

工程量计算规则：按设计图示尺寸以面积计算，室内地面以主墙间面积计算，不扣除柱顶石、垛、柱、佛像底座、间壁墙、附墙烟囱、单个面积小于或等于0.3 m^2 的孔洞等所占面积；室外地面（不包括牙子所占面积）应扣除单个面积大于0.5 m^2 的树池、花坛等所占面积。

（5）乱铺块石的计量为：

项目编码：020702005。

计量单位：m^2。

项目特征：1）铺设位置；2）垫层材料种类、厚度；3）结合层厚度；4）勾缝要求；5）灰浆种类及配合比。

工程量计算规则：按设计图示尺寸以面积计算，室内地面以主墙间面积计算，不扣除柱顶石、垛、柱、佛像底座、间壁墙、附墙烟囱、单个面积小于或等于0.3 m^2 的孔洞等所占面积；室外地面（不包括牙子所占面积）应扣除单个面积积大于0.5 m^2 的树池、花坛等所占面积。

（6）预制混凝土假砖块的计量为：

项目编码：020702006。

计量单位：m^3。

项目特征：1）假砖块规格；2）混凝土种类、配合比、强度等级；3）砂浆种类、配合比、强度等级。

工程量计算规则：按设计图示尺寸以体积计算。

【例6-3】 某仿古园林庭院平面图如图6-8所示，庭院地面采用20 mm厚M10干混地面砂浆粗墁方砖，方砖规格为500 mm×500 mm×60 mm仿古方地砖，庭院正中央为3.8 m×3.8 m矩形花台，四角有1.2 m×1.2 m梅花桩头树框，位于300 mm宽防腐木坐槛内侧是600 mm宽水景，试计算图示粗墁方砖工程量及编制其工程量清单。

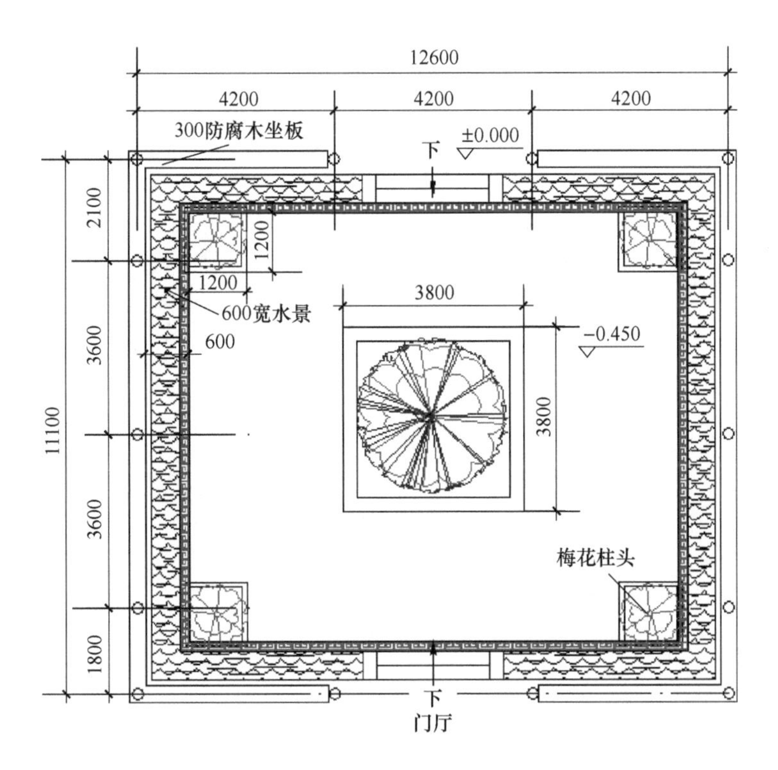

图6-8 某仿古园林庭院平面图

解：粗墁方砖以 m^2 计量，计算规则按设计图示尺寸以面积计算，室内地面以主墙间面积计算，不扣除柱顶石、垛、柱、佛像底座、间壁墙、附墙烟囱、单个面积小于或等于0.3 m^2 的孔洞等所占面积；室外地面（不包括牙子所占面积）

应扣除单个面积大于0.5 m^2 的树池、花坛等所占面积。

粗墁方砖工程量：$S=(12.6-0.3-0.6\times2)\times(11.1-0.3-0.6\times2)-3.8\times3.8-1.2\times1.2\times4=86.36\ (m^2)$

粗墁方砖的工程量清单见表6-3。

表6-3　粗墁方砖的工程量清单

序号	项目编码	项目名称	项 目 特 征	计量单位	工程量
1	020702001001	粗墁方砖	（1）铺设部位：庭院； （2）砖品种、规格：500 mm × 500 mm × 60 mm 仿古方地砖； （3）结合层厚度：20 mm； （4）灰浆种类及配合比：M10 干混地面砂浆	m^2	86.36

7 抹灰工程及油漆彩画工程

7.1 抹灰工程及油漆彩画工程概述

7.1.1 抹灰工程及油漆彩画工程主要类型

7.1.1.1 抹灰工程

仿古建筑传统抹灰项目包括抹靠骨灰、砂子灰底、麻面砂子灰、抹青灰、抹灰后做假砖缝等。其中，抹靠骨灰又叫作刮骨灰或刻骨灰，是古建传统抹灰中用的较多工艺，是在砖墙表面经过湿润处理后，直接在砖墙上抹二至三层麻刀灰。不同颜色的抹靠骨灰有不同的叫法，如白色的叫作自麻刀灰或自灰，抹白灰叫作抹“白活”，浅灰色或深灰色的叫作月白皮，月白灰抹后刷青浆赶轧呈灰黑色的叫作青灰，浅灰色中略带微红的叫作汪灰或葡萄灰，黄色的叫作共灰等。砂子灰底是按一定比例拌和的白灰砂浆作为砂子灰底层，麻刀灰作为面层，根据罩面灰颜色有月白灰、青灰、红灰等。墙面做假砖缝是指在抹有青灰的墙面上，用竹片或薄金属片，比照砖的大小画出灰缝，以仿照清水墙的一种工艺。

7.1.1.2 油漆彩画工程

仿古建筑的油漆彩画种类包括和玺彩画、旋子彩画、苏式彩画等。

A 和玺彩画

和玺彩画是一种汉族建筑中比较高档的彩画，一般都用“金龙和玺大点金”，特别是在主梁上大都用这种彩画，梁枋上的藻头呈“ΣΣ”形，主要线条全部沥粉贴金，花纹绚丽。金线一侧衬白粉或加晕。用青、绿、红三种底色衬托金色，图案多以龙纹为主，枋心多是二龙戏珠，藻头上绘制升龙或降龙，比较长大的藻头也绘制升龙和降龙二龙戏珠，箍头上绘制坐龙，看起来非常华贵，且明快亮丽、富丽堂皇，故宫太和殿梁枋上的彩绘都是和玺彩绘。和玺彩画根据建筑的规模、等级与使用功能的需要，分为“金龙和玺”“金凤和玺”“龙凤和玺”“龙草和玺”和“苏画和玺”五种，它们是根据绘制的彩画内容而定名。

“金龙和玺彩绘”的主要图案全都是龙，龙纹周围还常配以云纹或者火焰纹，金龙顿生腾云驾雾之感。金龙和玺彩绘用金量极大，不仅龙纹贴金，主要线条也贴金，金碧辉煌，尽显皇家气派，一般只应用在宫殿中轴的主要建筑之上，以表示“真龙天子”至高无上的意思，故宫的太和门、太和殿、乾清宫、养心殿等宫殿多采用金龙和玺彩绘。

“金凤和玺彩绘”一般多用在与皇家有关的建筑（如地坛、月坛等）上，龙凤图案相间的是龙凤和玺彩画，一般画在皇帝与皇后皇妃们居住的寝宫建筑上，以表示龙凤呈祥的意思。

“龙凤和玺彩绘”从形式上看略低于金龙和玺彩绘。枋心、藻头、盒子等部位以龙、凤为主题纹样交替构图，枋心内有二龙戏珠、双凤昭富、龙凤承祥等组合形式，故宫交泰殿、慈宁宫等采用“龙凤和玺”彩绘。

“龙草和玺彩绘”从形式上又略低一些，用于较为次要的宫殿建筑，如太和殿前的弘义阁、体仁阁等较次要的殿宇使用的就是龙草和玺彩绘。龙草和玺彩绘的图案主要有龙纹和大草纹构成，枋心、藻头、箍头都有草纹出现，一般是绿底儿画龙，红底儿画草。大草还常与法轮相配，叫作法轮吉祥草或者叫作“轱辘草”。

画人物山水、花鸟鱼虫的为“苏画和玺彩绘”。“苏式彩绘”是写实的笔法，它的内容有云冰纹、葡萄、莲花、牡丹、芍药、桃子、佛手、仙人、蝙蝠、展蝶、福寿鼎、砚、书画等，用于皇家游览场所的建筑上，代表园林风格，如图 7-1(a)所示。

B　旋子彩画

旋子彩画主要绘制于建筑的梁和枋上，彩画通常分为三段，中间是枋心、两边是藻头和箍头。色调主要是黄色（雄黄玉）和青绿色（石碾玉），线条用金线和墨线勾勒，旋子花心用金色填充。按照用金的多少可以分为金琢墨石碾玉（金线雄黄玉）、烟琢墨石碾玉（墨线雄黄玉）、金线大点金、墨线大点金、墨线小点金、雅五墨六个等级，贴金多的等级高，贴金少的等级低。另外还有一种浑金旋子彩画，整个构件底面不敷色彩，显示原木（通常是楠木）本色，全部旋花、锦枋线、纹样皆贴金箔，等级最高，例如北京故宫奉先殿。雅五墨是旋子彩画等级最低的一种，不点金，只用青、绿、丹、黑、白五色，线条轮廓都用墨线勾勒。

枋心的图案可以有龙、凤、锦纹，称为金龙枋心、龙锦枋心，等级高；枋心的图案可以由花卉（吉祥草、海蔓、葡萄）、奎龙、山水、一字（一字枋心）组成，也可以空着（称为空枋心），等级较低，只用于离宫别院。明间大枋额枋心画龙，小枋额枋心画锦，次间调转，大枋额枋心画锦，小枋额枋心画龙；稍间同明间；也有明间、稍间大枋额枋心画锦，小枋额枋心画龙，次间调转，大枋额枋心画龙，小枋额枋心画锦。藻头的旋花图案通常以圆形为花心（称为旋眼），外面有一层或两层花瓣，花瓣外围绕着一圈漩涡状的花纹（称为旋子）。旋花根据藻头的大小可以有不同的布局，如一整两破，就是一朵整旋花，两朵相切半旋花。如藻头较长，可在整旋花与相切半旋花之间加画一至三道花瓣，称为一整二破“加一道”、一整二破“加二道”、一整二破加“狗死咬”。如藻头特长，可再加一组一整二破，称为“加喜相逢”，如图 7-1(b)所示。

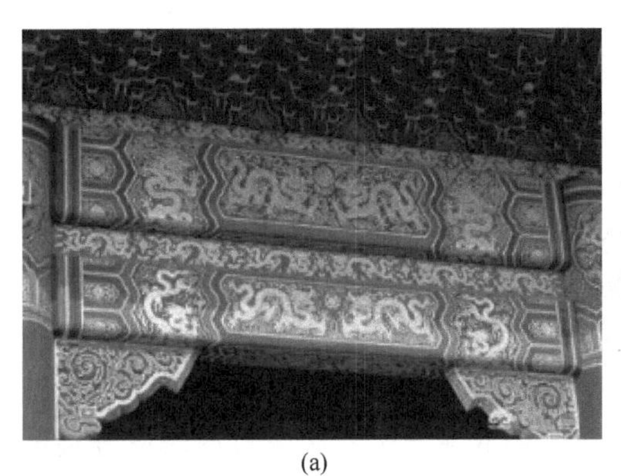

(a)

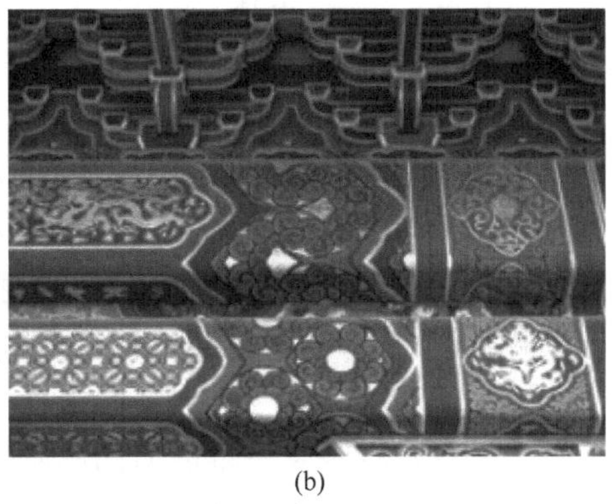

(b)

图 7-1 油漆彩画种类

（a）和玺彩画；（b）旋子彩画

C 苏式彩画

苏式彩画比和玺彩画和旋子彩画等级要低，画中不能绘入“龙”和“旋子”图案，由图案和绘画两部分组成，主要用于园林和住宅。根据建筑规模、等级与功能，并依工艺、用金量等不同，苏式彩画分为金琢墨苏画、金线苏画、黄（黑）线苏画、海墁苏画等不同种类。其中，金琢墨苏式彩画是诸苏画中最精致、最华丽的一种，它在许多方面，从构思到表达方式都有独到之处。苏式彩画的主要特征是在开间中部形成包袱构图或枋心构图，在包袱、枋心中均画各种不同题材的画面，如山水、人物、翎毛、花卉、走兽、鱼虫等，成为苏式彩画装饰的突出部分。南方气候潮湿，彩画通常只用于内檐，外檐一般采用砖雕或木雕装饰；而北方则内外兼施。苏式彩画可分为枋心苏画、包袱苏画、海墁苏画三种。

枋心苏画的枋心部分大多画凤纹、西番莲等纹饰，藻头部分一般绘有锦地，锦地上绘有山水、花鸟等。包袱苏画是将檩、垫板、枋三个构件的枋心连为一体，绘制一个大的半圆形装饰面，如同一个包袱，其因此得名。包袱的轮廓由云状弧线组成，包袱心内以传统中国画的手法绘制山水、花鸟、人物、历史故事、神话传说等内容。海墁苏画没有枋心和包袱，也不设任何画框，可在构件上随意画上花纹作为装饰。此外，还有两种较为特殊的苏式彩画，即金琢墨苏画和金线苏画。金琢墨苏画用大量金箔衬地，退晕层次丰富，一般为 7 ~ 9 层，有的多达

13 层，是苏式彩画中最为华贵富丽的一种。金线苏画的箍头线、包袱线、聚锦线等主要线均用沥粉贴金，退晕为 5 ~7 层，是较为常见的苏式彩画。

7.1.2 抹灰工程及油漆彩画工程做法与构造

7.1.2.1 抹灰工程

传统抹灰是指红灰、黄灰、青灰等各种古式抹灰。室外传统抹灰北方做法为当下碱（勒脚部分）砌整砖时抹灰应当抹墙碱以上墙身，不抹下碱。如下碱为碎砖时，墙碱上下应全部抹灰，不管墙上身抹灰为何颜色，墙下碱应抹青灰。室外传统抹灰南方做法（南方的传统抹灰较少用，多数是在抹灰面上刷浆做法）为当下碱为砖砌又无勒脚时，整个墙身应全部抹同色灰浆或刷同样色浆。当下碱有砖砌勒脚时，一般勒脚抹灰后应刷灰色浆。当墙下碱为石材或有台基时，不抹灰也不刷浆。

传统抹灰打底灰先将墙面凹凸不平处，用底灰抹平；底灰较厚时应分层进行，每层厚度不宜超过 10 mm；底灰不应抹光和刷浆。打底灰干至七成后才可抹罩面灰。分段抹灰的接槎部分不得刷浆和赶轧，应留“白槎”“毛槎”；室外墙面的赶轧应反复进行，直至完全压实。青灰墙面最后的赶轧宜以密实的竖向“小抹子花”交活；抹灰表面不应露麻、起毛，无生灰炸点，无开裂和空鼓。接槎处应平顺，无明显搭痕，不应有漏轧、起泡、水纹等擀轧粗糙现象。青灰墙面最后应“出亮”交活，不应有漏轧或“翻白眼”（未抹轧点）现象。红灰和黄灰墙面最后应以“蒙头浆”交活。刷浆不应对附近清水墙面和其他构件造成污染；壁画抹灰的面层为抹泥做法的，表面宜涂刷白矾水；麻面砂子灰做法应恰当掌握木抹子搓轧的时间。搓向纹理应有规律，不应有砂眼、干粗搓痕、水纹、裂缝等现象。阴、阳角应直顺，不应有死弯。阳角不应缺棱掉角，阴角不应有裂缝、缺灰、野灰、抹子痕等缺陷。抹灰作假砖缝的缝线应横平竖直，深浅一致，接槎应无搭痕。

7.1.2.2 油漆彩画工程

仿古建筑传统油漆及彩画项目基本程序分为基层处理、做地仗、刷油漆、作画四大内容。基层处理是将需要做油漆彩画的构件表面，为增强其衔接能力，增添表面光洁度，保证构件画工品质等所进行的处理工作，其内容为砍、挠、铲、撕、剔、磨、嵌缝子、下竹钉等操作。做地仗是指在被漆物体表面，为加强油漆的坚硬度而做的硬壳底层。做地仗的材料称为“地仗灰”。地仗分为麻（布）灰地仗和单皮灰地仗两大类。刷油漆是在基层处理和做地仗后进行的一道工序，其施工工艺为“刮腻子→刷底油→刷油漆等”操作工序。仿古建筑的作画，是指将彩画图案搬上相关构件上的操作过程，作画分为起打谱子、沥粉贴金。

A 做地仗

做地仗包括麻（布）灰地仗和单皮灰地仗。麻（布）灰地仗的种类很多，如一麻（布）五灰、一麻（布）四灰、一麻一布六灰、两麻六灰、两麻一布七灰等，而在木装饰板油漆中较常用的有一麻五灰和一布五灰。

一麻五灰的“一麻”即指粘一层麻丝，“五灰”即指捉缝灰、通灰、压麻灰、中灰、细灰。这五灰是用不同材料配制而成，其中最基本的材料为灰油、血料、油满等。“灰油”是用土籽灰、樟丹粉、生桐油等按一定比例加温熬制而成；“血料”是用鲜猪血经搓研成血浆后，以石灰水点浆而成；“油满”是用灰油、石灰水、面粉等按一定比例调和而成。“一麻五灰”的施工工艺为：“捉缝灰”即填缝灰，它是在清理好基层面后，用“粗油灰”（即油满：灰油：血料=0.3：0.7：1 加适量砖灰调和而成）满刮一遍，填满所有缝隙，待干硬后用磨石磨平，然后扫除浮尘擦拭干净。“通灰”即通刮一层油灰，在捉缝灰上再用“粗油灰”满刮一遍，干后磨平、除尘、擦净。“压麻灰”是在通灰上先涂刷一道“汁浆”（用灰油、石灰浆、面粉加水调和而成），再将梳理好的麻丝横着木纹方向疏密均匀地粘于其上，边粘边用铁轧子（小铁抹子）压实，然后用油满加水的混合液涂刷一道，待其干硬后，用磨石磨其表面，使麻茸全部浮起，但不能磨断麻丝，然后去尘洁净，盖抹一道“粘麻灰”（即油满：灰油：血料=0.3：0.7：1.2 加适量砖灰调和而成），再用铁轧子压实轧平，然后再复灰一遍，让其干燥。“做中灰”即抹较稀油灰，当压麻灰干硬后，用磨石磨平，掸去灰尘，满刮“中灰”（即油满：灰油：血料=0.3：0.7：2.5 加适量砖灰调和而成）一道，轧实轧平。“做细灰”即满刮细灰，当中灰干硬后，用磨石磨平磨光，掸去灰尘，用“细灰”（即油满：灰油：血料=0.3：1：7 加适量砖灰调和而成）满刮一遍，让其干燥。“磨细钻生”是当细灰干硬后，用细磨石磨平磨光，去尘洁净后涂刷生桐油一道，待油干后用砂纸打磨平滑即成。

“一布五灰”是一麻五灰的改进，即用夏布代替麻丝，具体操作与一麻五灰相同。其他一麻（布）四灰、一麻一布六灰、两麻六灰、两麻一布七灰等，都是在一麻（布）五灰基础上，进行麻（布）、中细灰的增减而成。

“单皮灰”即单披灰，它是指只抹灰不粘麻的施工工艺，依披灰的层数不同分为：四道灰、三道灰、二道灰。其中，四道灰是指捉缝灰、通灰、中灰、细灰等，然后磨细钻生；三道灰是指捉缝灰、中灰、细灰等，然后磨细钻生；二道灰是指中灰、细灰等，然后磨细钻生。

B 刷油漆

刷油漆工艺的操作内容分为刮腻子（或刮浆灰）和刷油漆。“刮腻子”是在刷油漆之前，用来填补基面不光滑或高低不平等缺陷所需进行的刮灰工序。刮腻子分为满刮腻子和批补腻子。“满刮”即指将漆物表面表面通刮一遍。“批补”是指将出现缺陷或满刮后不足之处，再刮一遍。常用的腻子有土粉子腻子、色粉腻子、漆片腻子、石膏腻子等。“刮浆灰”是用在与砖瓦颜色配套的构件上，它是指在做地仗后的漆物表面进行通刮浆灰腻子的工艺。浆灰腻子是用碎砖将其粉碎磨成细灰，放入水中经多次搅拌、漂洗，将悬浮浆液倒出沉淀，对此沉淀物称为“澄浆灰”或“淋浆灰”，将澄浆灰与血料按一定比例混合，经搅拌均匀后即可得到塑状的浆灰腻子。

仿古建筑工程的油漆，除特殊构件要求外，一般采用调和漆，分为头道油、二至三道漆、罩光油或扣油等。“头道油”是涂刷在光滑腻子面上，一般为无光无光调和漆或油色，待干燥后刷二三道漆。其中，油色是由调和漆、清漆、清油、光油、色粉、溶剂油等按一定比例调配成液体，如果要使其干稠一些，可加少量石膏粉进行拌和。它既可显示木材纹理，又可使基面具有一定底色的底油，是稳固油漆颜色的底料。“二至三道漆”即指涂刷调和漆。“罩光油或扣油”是针对做沥粉贴金的构件而言的。当在贴金后刷最后一道油漆时，金上不着油者谓之扣油，金上着油者谓之罩光油。

C　作画

仿古建筑的作画，是指将彩画图案搬上相关构件上的操作过程。作画分为起打谱子和沥粉贴金。“起打谱子”是指先在纸上做好画稿，然后将其复印到构件上的操作过程，分为丈量配纸、起谱子、扎谱子、打谱子。“沥粉”是指使花纹凸显的一种工艺，“贴金”是修饰花纹增加色彩的一种工艺。大多数沥粉者都需要贴金，故一般统称为“沥粉贴金”，沥粉贴金分为沥粉、包黄胶、打金胶、贴金、扫金等操作。

仿古建筑彩画的构图，是以梁枋大木和面积较大的构件为作画构图的主要出发点，其他部位都以大木彩画的创意做相应的配合。横梁、垫板、枋木等木构件，在整个建筑构架中，是比较显眼的构件，它的构图是以横向长度为条幅，将其分为三段，各占 1/3 长，称为“分三停”，其分界线称为“三停线”，在横条中间一段称为“枋心”，邻枋心左右两段称为“找头”或“藻头”。在找头外端常做有两根竖条，称为“箍头”，箍头之间的距离，可依横向长度多少而调整，在此之间安插的图案称为“盒子”。因此，整个梁枋的构图就在枋心、找头、盒子和箍头内进行。在这些部位上构图的线条都给以相应的名称，如枋心线、箍头线、盒子线，在找头内的叫作岔口线、皮条线（或卡子线），为简单起见通称为“五大线”，如图 7-2 所示。

油漆彩画的设色是指对大木构件所作画面的底面颜色，一般称为“地色”，如作画底面做绿颜色者称为“绿地”，做青颜色者称为“青地”。梁枋大木的设

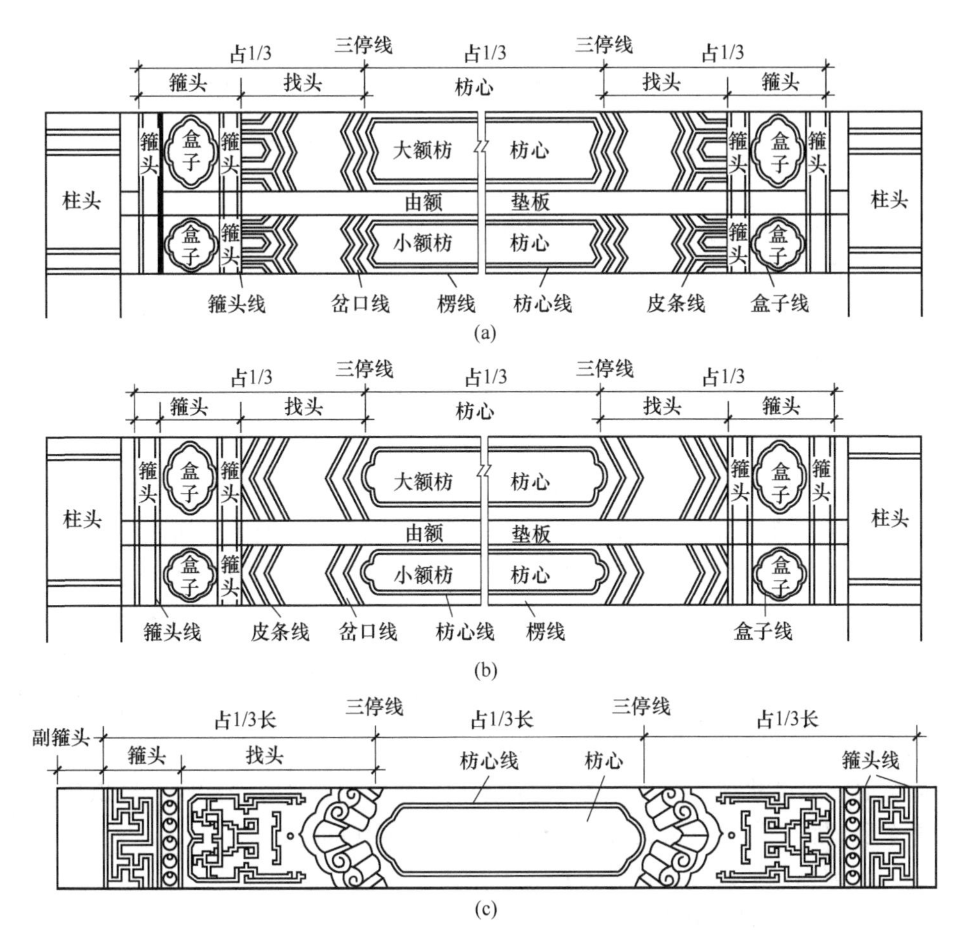

图 7-2　梁枋上油漆彩画构造

（a）和玺彩画构造；（b）旋子彩画构造；（c）苏式彩画构造

色以青色、绿色、红色及少量土黄色和紫色为主，不同构件的不同位置，其“地色”都是相互之间调换使用，相间调换的大致规律如下：（1）同一构件的相邻部分，一般是青、绿两色相间使用。如果箍头为青色者，则其外的皮条线、岔口线为绿色。如果枋心为绿色者，则楞线为青色。如果当前者使用青色者，则后者应使用绿色；反之当前者使用绿色者，则后者应使用青色。（2）同一开间的上下相邻构件，应青、绿两色相间使用。如果大额枋是绿箍头、青枋心者，则其相邻的小额枋和檐檩应是青箍头、绿枋心。（3）同一建筑物中相邻的两个开间，应青、绿两色相间使用。如果明间大额枋为绿箍头、青枋心者，则次间的大额枋应为青箍头、绿枋心。也就是说，不同开间的相同构件，底色应相间使用。（4）额垫板与平板枋如按通长设色者，一般额垫板固定为红地，平板枋固定为青地。

7.2　抹灰工程及油漆彩画工程工程量清单编制

7.2.1　墙面、天棚抹灰计量

下面介绍墙面、天棚抹灰的计量方法。

（1）墙面抹灰的计量为：

项目编码：020801001。

计量单位：m^2。

项目特征：1）墙体类型；2）基层处理材料种类；3）底层灰浆厚度、种类、配合比；4）面层灰浆厚度、种类、配合比。

工程量计算规则：按设计图示尺寸以面积计算。1）外墙面抹灰面积，应扣除门，窗洞口和空圈所占面积，不扣除柱门，什锦窗洞口及单个面积小于或等于0.3 m^2 孔洞面积，门、窗洞口及空圈的侧壁、顶面和垛的侧壁抹灰，并入相应的墙面抹灰中计算；2）内墙面抹灰面积，应扣除门窗洞口（门、窗框外围面积，下同）和空圈洞所占面积，不扣除柱门、踢脚线、挂镜线、装饰线，什锦窗洞口及单个面积小于或等于0.3 m^2 的孔洞和墙面与构件交接处的面积，洞口侧壁和顶面亦不增加，但垛的侧面抹灰应与内墙抹灰工程量合并计算，内墙面抹灰的长度以主墙间净尺寸计算，其高度确定如下：有露明梁者计算至梁底，吊顶抹灰的计算至顶棚底，吊顶不抹灰的计算至顶棚底另加20 cm。

（2）墙面做假砖缝的计量为：

项目编码：020801002。

计量单位：m^2。

项目特征：1）墙体类型；2）墙缝形式；3）假砖缝材料种类。

工程量计算规则：按设计图示尺寸以作假缝的面积计算。

（3）墙面抹假柱、梁、枋的计量为：

项目编码：020801003。

计量单位：m^2。

项目特征：1）墙体类型；2）基层处理材料种类；3）底层灰浆厚度、种类、配合比；4）面层灰浆厚度、种类、配合比。

工程量计算规则：按设计图示尺寸以面积计算。

（4）天棚抹灰的计量为：

项目编码：020801004。

计量单位：m^2。

项目特征：1）天棚类型；2）基层处理材料；3）底层灰浆厚度、种类、配合比；4）面层灰浆厚度、种类、配合比。

工程量计算规则：按设计图示尺寸以展开面积计算。

【例 7-1】 某仿古建筑正大门，中部为人行通道，两侧为管理用房，其平面图和 1—1 剖面图如图 7-3 所示，砖墙体厚 200 mm，圆柱直径 ϕ200 mm，图示轴线均为墙体中心线。墙体砌筑至架梁底，即标高 2.900 m 处，管理用房吊顶高度至标高 2.800 m 处，内外墙体采用 13 mm 1∶3 水泥砂浆打底，面层分别：墙体外侧抹灰为 15 mm 厚仿古红灰面层，内侧抹灰为 15 mm 仿古月白灰面层。门窗侧壁抹灰同外侧墙面抹灰，试计算图示墙体抹灰工程量及编制其工程量清单。

解： 墙面抹灰以 m^2 计量，计算规则为按设计图示尺寸以面积计算。（1）外墙面抹灰面积，应扣除门、窗洞口和空圈所占面积，不扣除柱门，什锦窗洞口及单个面积小于或等于 0.3 m^2 的孔洞面积，门、窗洞口及空圈的侧壁、顶面和垛的侧壁抹灰，并入相应的墙面抹灰中计算；（2）内墙面抹灰面积，应扣除门窗洞口（门、窗框外围面积，下同）和空圈洞所占面积，不扣除柱门、踢脚线、挂镜线、装饰线，什锦窗洞口及单个面积小于或等于 0.3 m^2 的孔洞和墙面与构件交接处的面积，洞口侧壁和顶面也不增加，但垛的侧面抹灰应与内墙抹灰工程量合并计算，内墙面抹灰的长度以主墙间净尺寸计算，其高度确定如下：有露明梁者计算至梁底，吊顶抹灰的计算至顶棚底，吊顶不抹灰的计算至顶棚底另加 20 cm。

外侧墙面抹灰工程量：$S_1 = [(4.2+2.9+4.2-0.1+0.9-0.1+2.9+0.9+3.14\times0.2\times5/4)\times2.9-1.2\times1.5\times4-1.5\times2.4+(1.2+1.5)\times2\times0.2\times4+(1.5+2.4\times2)\times0.2]\times2=85.75\ (m^2)$

内侧墙面抹灰工程量：$S_2 = [(4.2-0.2+2.9-0.2)\times2\times2.8-1.2\times1.5\times4-1.5\times2.4]\times2=53.44\ (m^2)$

墙面抹灰的工程量清单见表 7-1。

表 7-1 墙面抹灰的工程量清单

序号	项目编码	项目名称	项 目 特 征	计量单位	工程量
1	020801001001	外侧墙面抹灰	（1）墙体类型：砖墙； （2）底层灰浆厚度、种类、配合比：13 mm 1∶3 水泥砂浆； （3）面层灰浆厚度、种类、配合比：15 mm 厚仿古红灰面层	m^2	85.75
2	020801001002	内侧墙面抹灰	（1）墙体类型：砖墙； （2）底层灰浆厚度、种类、配合比：13 mm 1∶3 水泥砂浆； （3）面层灰浆厚度、种类、配合比：15 mm 仿古月白灰面层	m^2	53.44

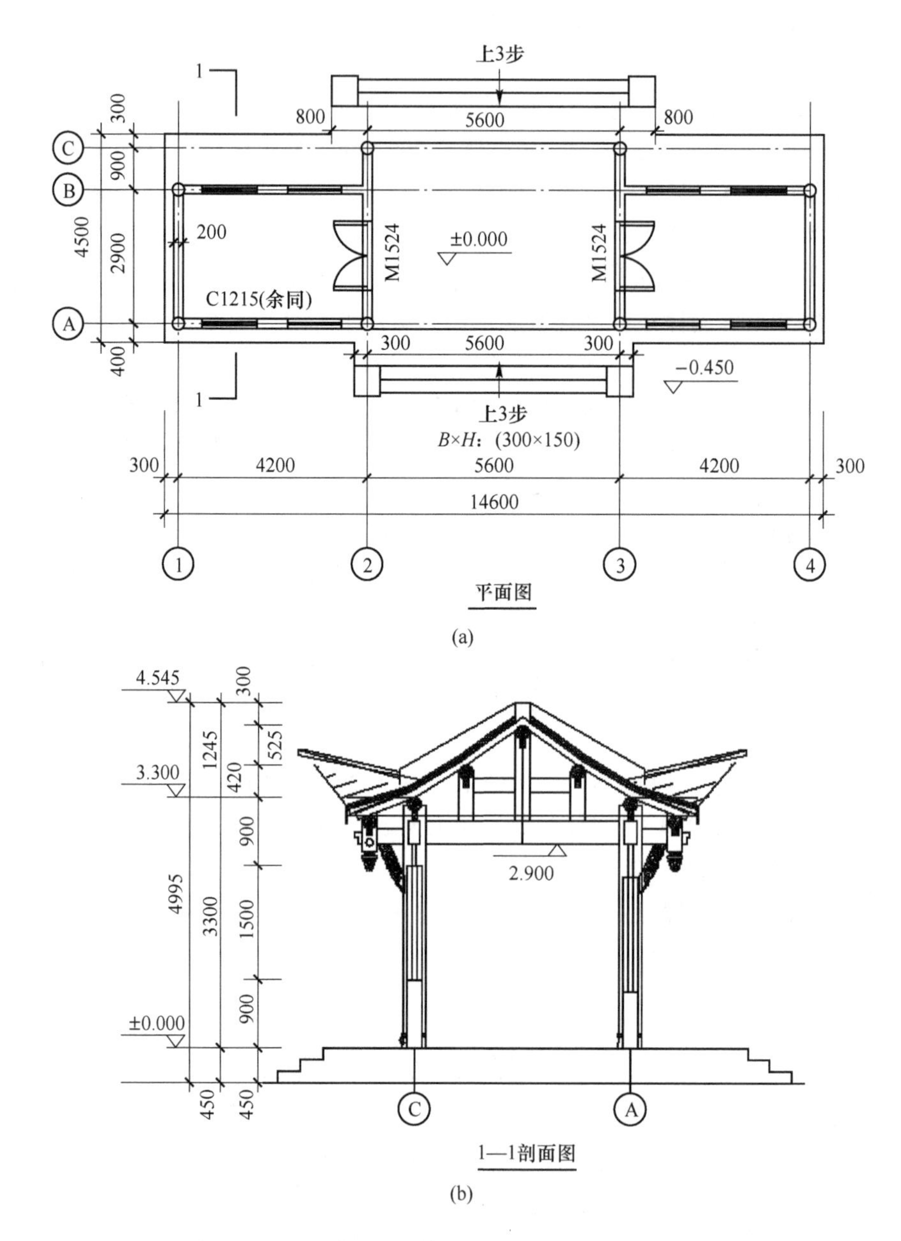

图 7-3　某仿古建筑正大门的平面图（a）和 1—1 剖面图（b）

7.2.2　柱梁面抹灰计量

柱梁面抹灰包括柱梁面抹灰和柱梁面做假砖缝，下面介绍它们的计量方法。

（1）柱梁面抹灰的计量为：

项目编码：020802001。

计量单位：m^2。

项目特征：1）柱梁类型；2）基层处理材料品种；3）假砖缝材料种类；4）底层灰浆厚度、种类、配合比；5）面层灰浆厚度、种类、配合比。

工程量计算规则：按设计图示尺寸，柱梁截面周长乘以高度（长度），以面积计算。

（2）柱梁面做假砖缝的计量为：

项目编码：020802002。

计量单位：m^2。

项目特征：1）柱梁类型；2）砖缝类型；3）假砖缝材料种类。

工程量计算规则：按设计图示尺寸，柱梁截面周长乘以高度（长度），以面积计算。

【例 7-2】 某仿古长廊主体结构由石柱、石梁、石枋组成，石柱、梁、枋平面图及 1—1 剖面图如图 7-4 所示，石柱有直径 ϕ450 mm 和 ϕ300 mm 两类，石梁为直径 ϕ150 mm，石枋截面尺寸为 120 mm × 160 mm，所用石料均为红纱石，石表面需 13 mm 1 : 3 水泥砂浆打底，15 mm 仿古红灰面层抹灰装饰，试计算图示柱、梁抹灰工程量及编制工程量清单。

解： 柱梁面抹灰以 m^2 计量，计算规则为按设计图示尺寸，柱梁截面周长乘以高度（长度），以面积计算。

柱面抹灰工程量：$S_1 = 3.14 \times 0.45 \times (3.188 - 0.22 - 0.15) + 3.14 \times 0.3 \times (2.75 - 0.16 - 0.22) \times 2 = 8.45\ (m^2)$

梁面（含枋面）抹灰工程量：$S_2 = 3.14 \times 0.15 \times 9 \times 3 + (0.12 + 0.16) \times 2 \times (2.4 + 2.4 - 0.45 - 0.3) \times 2 = 17.25\ (m^2)$

柱梁面抹灰工程量合计：$S = 8.45\ m^2 + 17.25 = 25.70\ (m^2)$

柱梁面抹灰的工程量清单见表 7-2。

表 7-2 柱梁面抹灰的工程量清单

序号	项目编码	项目名称	项 目 特 征	计量单位	工程量
1	020802001001	柱梁面抹灰	（1）柱梁类型：石柱梁； （2）底层灰浆厚度、种类、配合比：13 mm 1 : 3 水泥砂浆打底； （3）面层灰浆厚度、种类、配合比：15 mm 仿古红灰面层抹灰	m^2	25.70

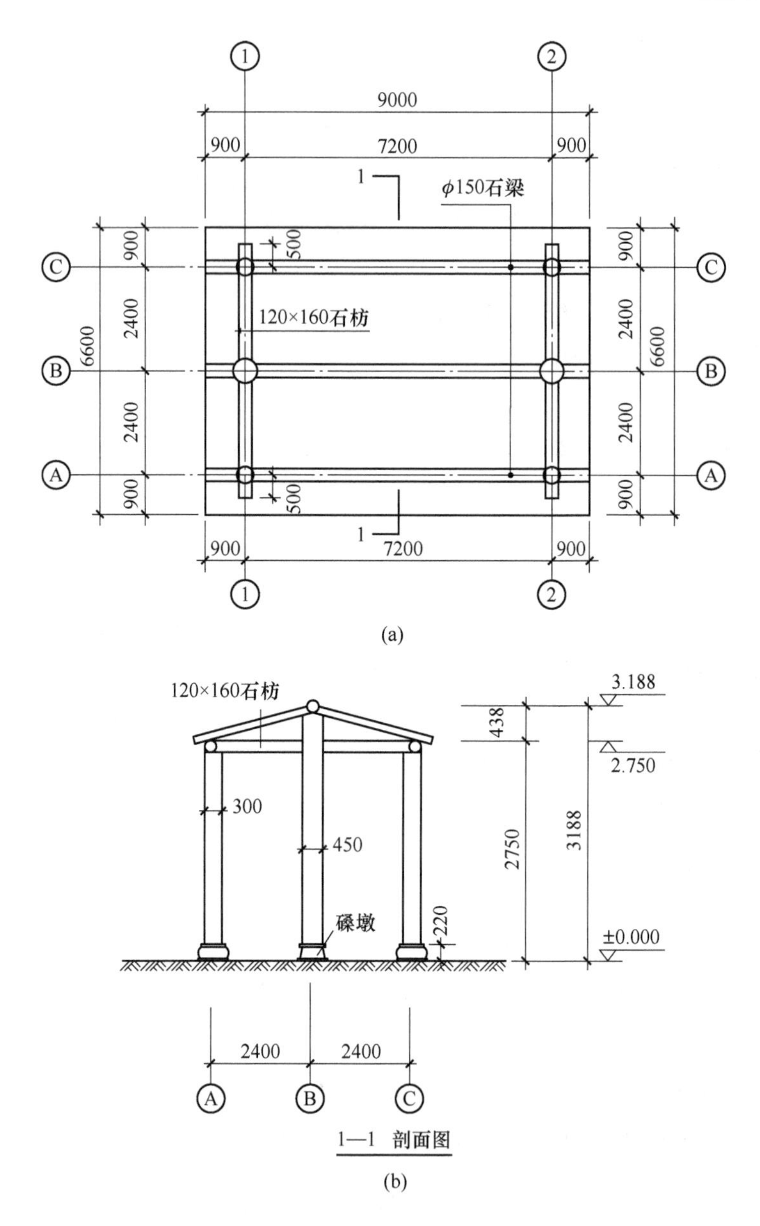

图 7-4　石柱、石梁、石枋平面图（a）及 1—1 剖面图（b）

7.2.3　上架构件油漆彩画贴金计量

下面介绍上架构件油漆彩画贴金的计量方法。

（1）上架构件油漆的计量为：

项目编码：020904001。

计量单位：m^2。

项目特征：1）明间大额枋截面高或檐柱径规格；2）基层处理方法；3）地仗或腻子做法；4）油漆品种、涂刷遍数。

工程量计算规则：按设计图示尺寸以构架露明部位的展开面积计算，挑檐枋只计算其正面。

（2）上架构件彩画贴金的计量为：

项目编码：020904002。

计量单位：m^2。

项目特征：1）明间大额枋截面高或檐柱径规格；2）基层处理方法；3）地仗做法；4）彩画种类及做法；5）饰金品种及要求；6）罩光油品种。

工程量计算规则：按设计图示尺寸以构架露明部位的展开面积计算，挑檐枋只计算其正面。

（3）枋心、包袱心白活的计量为：

项目编码：020904003。

计量单位：m^2。

项目特征：1）基层处理方法；2）国画内容。

工程量计算规则：按设计图示尺寸以绘制面积计算。

（4）聚锦、池子白活的计量为：

项目编码：020904004。

计量单位：块。

项目特征：1）基层处理方法；2）国画内容。

工程量计算规则：按设计图示以数量计算。

【例7-3】 某仿古长廊平面图和1—1剖面图如图7-5所示，游廊主体结构为木构架，檐柱直径 ϕ600 mm，五架梁截面尺寸为150 mm×220 mm，三架梁截面尺寸为100 mm×180 mm，三架梁长度与五架梁长度比例为1∶2，其中五架梁面需满刮血料腻子，涂刷三遍调和漆；三架梁面需打一布五灰地仗，面层素做龙草和玺彩画，试计算图示五架梁油漆、三架梁彩画工程量及编制工程量清单。

解：上架构件油漆以 m^2 计量，计算规则为按设计图示尺寸以构架露明部位的展开面积计算，挑檐枋只计算其正面。

五架梁油漆工程量：$S_1=(0.15+0.22)\times2\times(1.8-0.3)\times4+(0.15+0.22)\times2\times(1.928-0.3)=5.64\ (m^2)$

三架梁彩画工程量：$S_2=(0.1+0.18)\times2\times(1.8-0.3)/2\times4+(0.1+0.18)\times2\times(1.928-0.3)/2=2.14\ (m^2)$

五架梁油漆和三架梁彩画的工程量清单见表7-3。

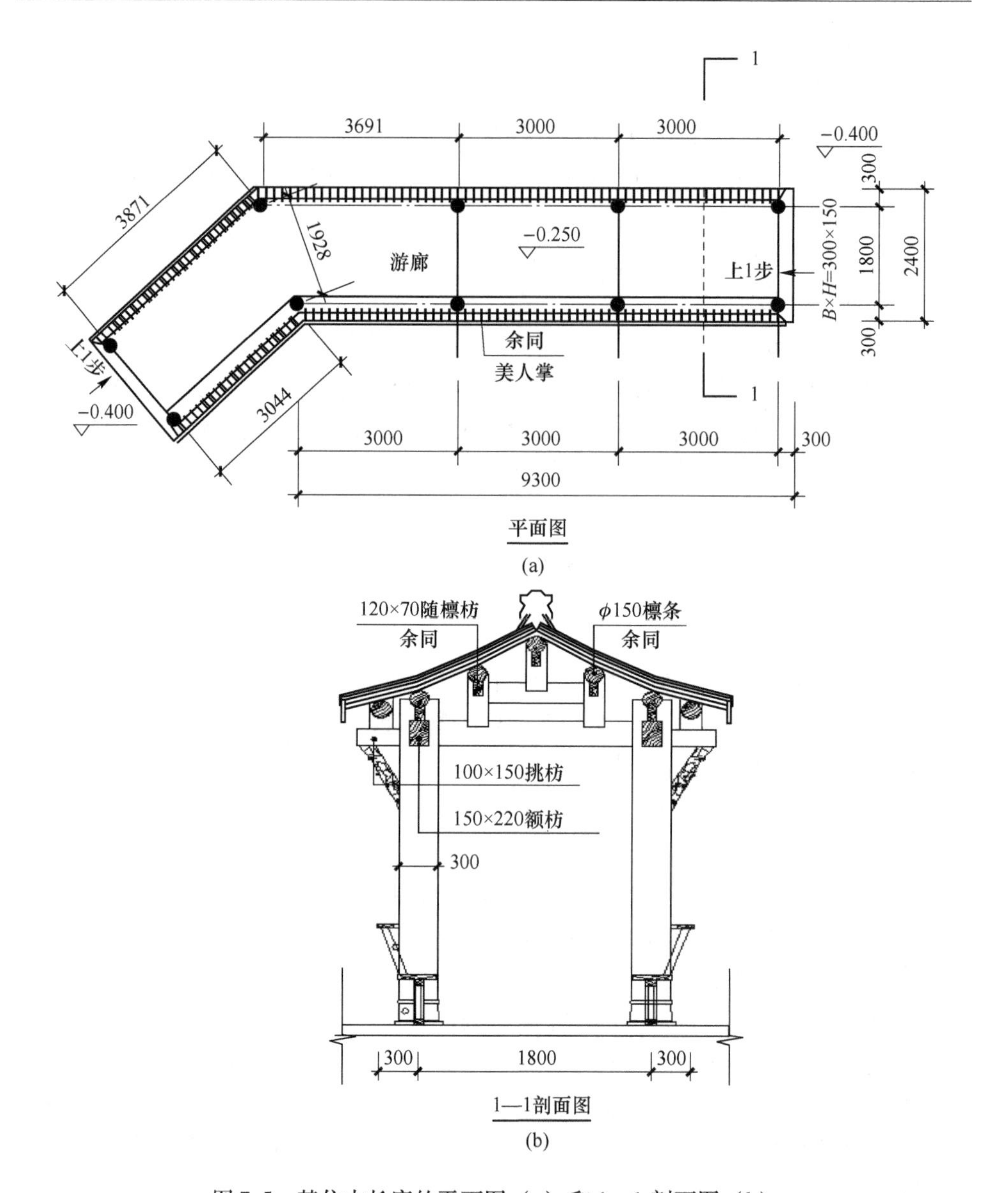

图 7-5　某仿古长廊的平面图（a）和 1—1 剖面图（b）

表 7-3　五架梁油漆、三架梁彩画的工程量清单

序号	项目编码	项目名称	项 目 特 征	计量单位	工程量
1	020904001001	五架梁油漆	（1）构件名称及尺寸：五架梁截面尺寸为 150 mm × 220 mm； （2）腻子做法：满刮血料腻子； （3）油漆品种、涂刷遍数：涂刷三遍调和漆	m^2	5.64

续表 7-3

序号	项目编码	项目名称	项 目 特 征	计量单位	工程量
2	020904002001	三架梁彩画	（1）构件名称及尺寸：三架梁截面尺寸为100 mm×180 mm； （2）地仗做法：一布五灰地仗； （3）彩画种类及做法：素做龙草和玺彩画	m^2	2.14

参 考 文 献

[1] 中华人民共和国住房和城乡建部，中华人民共和国国家质量监督检验检疫总局．建设工程工程量清单计价规范（GB 50500）[S]．北京：中国计划出版社．

[2] 中华人民共和国住房和城乡建设部，中华人民共和国国家质量监督检验检疫总局．仿古建筑工程工程量计算规范（GB 50855）[S]．北京：中国计划出版社．

[3] 中华人民共和国住房和城乡建设部局．传统建筑工程技术标准（GB/T 51330—2019）[S]．北京：中国建筑工业出版社．

[4] 四川省建设工程造价管理总站．四川省建设工程工程量清单计价定额 [M]．成都：四川科学技术出版社，2020.

[5] 陶学明，熊伟．建设工程计价基础与定额原理 [M]．北京：机械工业出版社，2016.

[6] 田永复．仿古建筑工程工程量计算规范 [M]．北京：中国建筑工业出版社，2013.

[7] 田永复．中国仿古建筑构造精解 [M]．2 版．北京：化学工业出版社，2018.

[8] 徐锡玖．中国仿古建筑构造与设计 [M]．北京：化学工业出版社，2017.

[9] 白玉忠，白洁．中国古建筑修缮及仿古建筑工程施工质量验收指南 [M]．北京：中国建筑工业出版社，2019.

[10] 张柏．图解园林仿古建筑设计施工 [M]．北京：化学工业出版社，2017.

[11] 汤崇平．中国传统建筑木作知识入门 [M]．北京：化学工业出版社，2016.

[12] 王晓华．中国古建筑构造技术 [M]．2 版．北京：化学工业出版社，2019.

[13] 白丽娟，王景福．古建清代木构造 [M]．2 版．北京：中国建筑工业出版社，2014.

[14] 马炳坚．中国古建筑木作营造技术 [M]．2 版．北京：科学出版社，2017.

[15] 田永复．中国古建筑知识手册 [M]．2 版．北京：中国建筑工业出版社，2019.